男孩，你要懂得保护自己

套装升级版 情感篇

王昊泽 —— 编著

中国纺织出版社有限公司

内 容 提 要

大多数人都认为，男孩情感比较粗放，不像女孩那样敏感细腻。其实，这是对男孩的误解。尽管男孩有阳刚之气，却并不意味着他们的情感不够细腻。事实上，很多男孩都有着丰富的情感，对外界的人和事也会有独到的感受。

本书针对男孩成长过程中可能会出现的情感问题，予以警示和解答，帮助男孩更好地掌握自己的情绪和情感状态，让男孩知道如何应对情感的各种问题，从而避免在情感问题上吃亏或者受到伤害。和女孩一样，每个男孩都是父母的掌中宝，他们同样需要呵护和引导，有父母的教导和陪伴，男孩能够更顺利地度过成长的坎坷，健康快乐长大。

图书在版编目（CIP）数据

男孩，你要懂得保护自己：套装升级版.情感篇 / 王昊泽编著 . -- 北京：中国纺织出版社有限公司，2023.8
　　ISBN 978-7-5180-9330-4

Ⅰ.①男… Ⅱ.①王… Ⅲ.①男性—青春期—健康教育 Ⅳ.① G479

中国版本图书馆 CIP 数据核字（2022）第 020413 号

责任编辑：刘桐妍　　责任校对：高　涵　　责任印制：储志伟

中国纺织出版社有限公司出版发行
地址：北京市朝阳区百子湾东里A407号楼　邮政编码：100124
销售电话：010—67004422　传真：010—87155801
http://www.c-textilep.com
中国纺织出版社天猫旗舰店
官方微博 http://weibo.com/2119887771
唐山富达印务有限公司印刷　各地新华书店经销
2023年8月第1版第1次印刷
开本：710×1000　1/16　印张：32
字数：414千字　定价：108.00元（全4册）

凡购本书，如有缺页、倒页、脱页，由本社图书营销中心调换

前　言

　　随着不断成长，男孩从无忧无虑的状态进入到崭新的人生阶段。在这个阶段里，他们会面临各种各样的烦恼，例如，身体快速发育，让他们的体型有了非常直观的改变；情感方面的变化，使他们对于各种事物变得更加敏感；在学习方面，他们的任务越来越艰巨，压力持续地增强；在校园生活中，他们面临着很大的人际关系挑战。对于这些身心方面以及生活与学习方面的改变，男孩常常会感到手足无措。

　　有一些父母总以为，只要满足孩子吃喝拉撒等基本需求，就已经尽到了照顾孩子的责任，其实这样的想法是错误的。对于孩子们而言，满足生理需求固然很重要，但是还需要满足他们更高层次的需求。在这种情况下，父母要更加关注孩子的心理和情绪、精神，更加关注孩子的情感，从而帮助孩子身心全面地发展。

　　和身体上的变化相比，父母们更应该捕捉到孩子在心理和情感上的改变。有的时候，男孩进入青春期之后，从小时候的聒噪变为了沉默寡言，他们不愿意与父母沟通，常常把自己隐藏起来。这使他们哪怕在情感上有微小变化，父母也不能及时觉察。在这样的情况下，父母一定要深入了解男孩，与男孩保持顺畅的沟通，这样父母才能走入男孩的内心，了解男孩心中的所思所想。

　　说到情感，就不得不说起早恋。很多父母都视早恋为洪水猛兽，一旦捕捉到孩子早恋的苗头，恨不得当即将其扼杀在摇篮里。其实，对于青春期的男孩来说，对异性产生朦胧的好感是完全正常的身心反应。作为父母，要想引导男孩正确地对待早恋，就要认可男孩的情感，而不要全盘否定男孩，在此基础之上再告诉男孩早恋没有结果，要把时间和精力集中在学习上，要发展和完善自我，将来才能拥有更美好的爱情，这样男孩更容易听进父母的劝说。

　　这时的男孩再也不是那个牙牙学语的幼儿，也不是那个顽皮捣蛋的小孩子，而是变成了有想法、有见识、有规划的少年。

　　父母要关注男孩成长的各方面，既要注重男孩的学习，也要注重男孩的身心健康。在这个纷繁复杂的世界里，男孩注定要承担很多重任，但是不管怎么样，男孩都要先让自己健康快乐地成长起来。

编著者

2022年10月

目 录

1 家是温馨港湾，男孩要信任爸爸和妈妈

- 遇到任何问题，第一时间求助父母 … 002
- 和父母产生矛盾，好好沟通是关键 … 005
- 尊重父母，是每个男孩应该做到的 … 008
- 与父母闹别扭，切勿离家出走 … 012
- 面对爱的唠叨，有则改之无则加勉 … 016
- 哪怕犯错了，也要告知父母 … 019
- 修复原生家庭的伤害，爱心中的小孩 … 023
- 感恩父母，回报父母 … 026

2 与同学、朋友相处，克制冲动，善于共情

- 冲动是魔鬼 … 030
- 不嘲笑和贬低同学 … 033
- 与人同住，管好自己 … 036
- 被朋友"出卖"怎么办 … 039
- 有勇气说出"小秘密" … 042

- 坚强面对"嘲笑",勇敢进行"自嘲"   045
- 设身处地为他人着想   048

3

男孩要有责任感,照顾小家心怀大家

- 责任感是男孩的立世根基   052
- 敢于承认错误,才是真的勇敢   055
- 做好自己该做的事情   058
- 诚信守时,争分夺秒   061
- 拥有自控力,做自己的主宰   065
- 拥有团队精神,提升合作意识   068

4

爱情与友情,火眼金睛辨识清

- 别把好感当爱情   074
- 与异性同学交往要把握分寸   077
- 面对异性,切勿轻佻   080
- 早恋有刺,想摘慎重   083
- 失恋了怎么办   086
- 如何处理异性的情书   090

5

男人哭吧哭吧不是罪，学会疏导和宣泄负面情绪

- 苦难，是人生最好的学校　　　　　　　　094
- 男孩也需要倾诉　　　　　　　　　　　　097
- 学会倾听，成为朋友的知心人　　　　　　102
- 接纳负面情绪　　　　　　　　　　　　　105
- 好男儿坚持做自己　　　　　　　　　　　109
- 心胸宽广，悦纳自己　　　　　　　　　　112
- 控制坏脾气　　　　　　　　　　　　　　115

- 参考文献　　　　　　　　　　　　　　　119

1

家是温馨港湾，男孩要信任爸爸和妈妈

进入青春期，男孩的身心快速发展。他们一改小孩子的模样，渴望自己能够快快长大。然而，他们的身体虽然变得越来越强壮，但是他们在心理和情感上却依然稚嫩。在这个特殊的阶段里，男孩要特别信任爸爸和妈妈，把家作为自己温馨的港湾，这样才能在遇到难题或者受到伤害的时候，可以第一时间求助父母，回到家里疗伤。

遇到任何问题，第一时间求助父母

小故事

哲哲是一个特别内向的男孩，在学校里，他总是沉默寡言。有些同学看到哲哲性格很内向，也不具有攻击性，因而常常欺负他。对于这些同学，哲哲总是怀着容忍的态度。直到这一天，有几个同学把哲哲带到了学校的卫生间，让哲哲用别人用过的便纸擦嘴，还让哲哲趴在地上舔马桶。这让哲哲感到非常屈辱，他再也忍无可忍了，和那几个同学打了起来。

哲哲一个人难敌几个同学，受了很重的伤，脸上好几处都破皮流血了，肋骨还有一处骨折。后来，一位老师来到卫生间的时候发现了这件事情，赶紧找来其他老师控制住局面，又叫来了120，把哲哲送到医院抢救。看到满身伤痕的哲哲奄奄一息地躺在病床上，爸爸妈妈惊讶极了。他们不知道发生了什么事情，也不知道哲哲为何会受到如此重的伤害。

对于这起校园霸凌事件，学校方面非常重视。学校通过对那几个同学进行询问，得知了长期以来哲哲一直被霸凌，并把情况反馈给了哲哲的父母。哲哲父母对此毫不知情，他们说哲哲每天都是正常上下学，回到家里的情绪举止也都很正常，他们实在没想到哲哲一直以来都在承受这么大的屈辱，受到这么严重的伤害。

经过这次事件之后，哲哲索性关闭了自己的心扉。他对这件事情绝口不提，哪怕爸爸妈妈追问他，他也不愿意说起。有的时候，他还会把自己关在房间里长达几个小时，既不喝水，也不上厕所，就那样一动也不动地躺在床上。看到哲哲的精神状态如此异常，爸爸妈妈只好把哲哲带去看了心理医生。

最后心理医生解开了哲哲的心结。原来，哲哲小时候不管遇到什么事情，都会告诉爸爸妈妈。但是随着渐渐长大，爸爸妈妈每当发现哲哲犯了错误，就会狠狠地批评哲哲，甚至还会对哲哲动手。渐渐地，哲哲不管有什么事情都会埋在心底，不愿意再对爸爸妈妈诉说了。即使在学校里遭受了这样的屈辱，哲哲也选择独自默默地承受，因为他很担心自己即使说出来，也得不到爸爸妈妈的关心和支持，反而会被爸爸妈妈狠狠地批评。

分析

在这个事例中，哲哲之所以不向爸爸妈妈诉说自己在学校里的遭遇，在很大程度上是因为爸爸妈妈错误的教育方式。从父母的角度来说，要以正确的方式给予孩子回应。从孩子的角度来说，应该知道父母的苦心，不管遇到什么问题，都要在第一时间求助父母。毕竟，父母是世界上最爱我们的人，而且父母有着丰富的社会经验，可以为我们出谋划策，引导我们以正确的方式解决问题。就像上述事例中，如果哲哲不是忍无可忍地和同学打了起来，那么他被校园霸凌的事情就会永远沉没在海底，无人知晓，这样父母就无法保护哲哲，更无法帮助哲哲。

作为男孩，要对父母有一定的信任。当发现父母对待自己的方式错误时，可以和父母进行适度的沟通，告诉父母自己的想法和感受。这样一来，相信父母会及时地做出调整。

解决方案

青春期中,很多男孩一旦有了为难的事情,就会向同龄人求助。其实,向同龄人求助是有很多弊端的。为此,男孩要了解以下几点。

第一点,同龄人是与男孩一样大的孩子,他们思想单纯稚嫩,思考问题时也比较片面,所以他们在面对问题的时候和孩子一样束手无策。相比之下,成人年纪更大,有更丰富的社会经验,也能够做出更理性的思考,所以他们对于很多事情可以考虑得更加全面。故而男孩应该多向年长且有经验的人寻求帮助。

第二点,同龄人和男孩一样,都很容易陷入冲动之中,做出过激的举动。有些举动一旦做出,男孩就会犯下不曾预想过的错误,那么就理所应当会受到法律的惩罚。所以男孩切勿冲动行事,而是要三思而行。

第三点,在向父母求助的时候,哪怕父母并没有给予男孩想要的帮助,男孩也可以坚持与父母沟通。父母都很爱孩子,也许他们教育的方式方法不那么恰当,但是他们的初心是爱孩子的。所以男孩要信任父母,而不要怀疑父母对自己的爱。

第四点,父母在接到男孩的求助信号之后,切勿对男孩的求助无动于衷,或者丝毫不放在心上。要知道,男孩既然向父母反馈了某些情况,就说明这些情况已经对他们造成了困扰。如果这些事情是在校园里发生的,父母要及时联系学校和老师,了解事情的真相,全方位地给予男孩保护。青春期男孩的情绪很容易产生波动,也常常会因为过激的想法而做出过界的举动。在这种情况下,他们不但会伤害自己,也会伤害他人。从这个意义上来看,对于男孩的任何问题,父母都要给予足够的重视,也要积极地在第一时间里给予男孩有效的帮助,这样男孩才能健康快乐地成长。

和父母产生矛盾，好好沟通是关键

小故事

最近，学校里的机器人社团接到了通知，要组建一个强大的机器人团队去广州参加机器人比赛，并且要在比赛之前进行为期三个月的培训。得知这个消息之后，老师对想参加机器人比赛的同学进行了统计和初步筛选。在筛选出一部分同学之后，老师向同学们介绍了比赛的情况："这次机器人比赛，学校不负责来回的路费，每个同学都要有一位家长陪同，一大一小的费用大概 6000 元。希望大家今天晚上回到家里，把情况如实地告诉父母，一定要尊重父母的意见，再决定是否参加比赛。"

乐乐向来非常喜欢机器人，对电脑编程也很感兴趣。他回到家里，兴致勃勃地对妈妈说："妈妈，我被选中参加学校的机器人社团，要代表学校去参加比赛呢！"听到乐乐的话，妈妈当即对乐乐竖起了大拇指，说："你可真棒呀，这个机会非常难得，妈妈支持你。"听到妈妈的夸赞，乐乐趁机又向妈妈说道："不过，有一件事情我要告诉你。这次比赛，学校里不承担来回的路费和生活费，所以我们需要自己出，还需要有一个家长陪同。老师说，一大一小的费用大概 6000 元。"听到乐乐的话，妈妈陷入了沉默，看到妈妈脸上出现为难的表情，乐乐担心地说："妈妈，我能参加吗？"妈妈想了想，对乐乐点点头，继而又对乐乐摇了摇头，说："咱们家的情况，你也知道。爷爷刚刚检查出来患了肺癌，需要一大笔治疗费用。而且，爸爸妈妈的收入都是有限的，6000 元对我们家而言是很重要的。妈妈建议你以后再参加机器人比赛，咱们先集中所有的钱给爷爷治病，你看行吗？"

兴致勃勃的乐乐如同被泼了一头冷水，当即被浇灭了热情。他抱怨地对妈妈说："其他同学的家长都支持孩子参加这种比赛，你为什么要反对呢？不就是舍不得钱嘛！"说着，乐乐生气地回到房间里，把门关上。妈妈陷入了沉思，她知道乐乐争取到这个机会很不容易，但是她也知道6000元钱够爷爷吃一个月的药了。所以妈妈狠下心来，决定不改变主意。

就这样，乐乐看着其他几位同学欢天喜地地参加了机器人社团，还一起结伴坐飞机去了广州参加比赛，他的心里更不是滋味儿了。他更加抱怨爸爸妈妈没有为他创造良好的生活条件，也抱怨爷爷为何要生病。等到参加比赛的同学捧着奖杯回到学校之后，乐乐带着强烈的不满情绪对妈妈说："比赛的同学获得了二等奖和一等奖，要不是你们不支持，我也能得到这样的奖杯和荣誉。"

妈妈知道这是乐乐的心结，因而她放下手里正在做的事情，语重心长地对乐乐说："乐乐，爸爸妈妈没有给你创造最好的条件，这是我们能力不足，但是这并不意味着我们做出的选择是错的。我们要对整个家庭负责，而不是说把家里所有的钱都供给你一个人用。这6000元本来就是计划之外的开销，所以我们很难拿得出来。妈妈希望你能够理解我们的苦衷。对你来说，我们可能是有很大的错误，但是我们自己觉得问心无愧，因为爷爷的病情现在一天好过一天了，我认为全家人幸福健康地生活在一起才是最重要的。"

听着妈妈苦口婆心的话，乐乐有些明白了妈妈的用意，毕竟这6000元金额很大，如果用来给他参加比赛，那么爷爷的治疗费用就会更加紧张。想到这里，乐乐对妈妈说："妈妈，以后你们老了，生病了，我也会给你们治病的。"听了乐乐的话，妈妈的眼眶湿润了。

分析

如果乐乐始终对父母心怀不满,认为父母不愿意支出这6000元钱给他去广州参加比赛,就是对他的成长不负责任,那么他与父母之间的关系就会越来越紧张。实际上,对于乐乐而言,父母供养他吃喝拉撒,已经尽到了抚养他的责任,能否去参加比赛是要根据孩子的实力和家庭的经济情况来决定的。

作为男孩,不要因为父母有小小的不足或错误,就对父母心怀芥蒂。俗话说,不在其位,不谋其政。男孩作为家里的一分子,应该以学习为重,每天只要有吃有喝就会生活得很快乐。但是父母是家庭的管理员,尤其是妈妈既掌管着家里的经济大权,又要负责家里每一个人的生活起居,在这种情况下,妈妈承担的压力是很大的。所以,男孩要理解妈妈的辛苦和苦衷,知道巧妇难为无米之炊,妈妈必须把家里的每一分钱都用到刀刃上。即使父母真的做了男孩难以接受的事情,引起了男孩的不满,男孩也要对父母心怀宽容,理解父母维持生活的艰辛和不易,尤其是要与父母保持沟通,保持良好的沟通状态,这样才能理解父母的苦心,懂得父母的操劳。

有人说,"天下无不是的父母",其实这句话是错误的。父母也是人,而不是无所不能的神,尤其是在教育孩子的过程中,作为第一次当父母的人,怎么可能没有任何错误呢?作为男孩,既不要盲目地迷信父母的能力,也不要凡事都顺从父母,而是要有自己的想法和主见,要进行理性的思考。在发现父母有错误的时候,男孩不要因此就全盘否定父母,而是要看到父母对自己的用心和付出,理解父母的苦心和对自己的好意,这样男孩才能够与父母更好地互动交流,心意相通。

每个男孩既然与父母成为了亲人,这就是非常深厚的缘分。人们常说,不能一竿子打死所有人,对待父母也同样如此。所谓瑕不掩瑜,父母对孩子总是以爱为主的,虽然有些父母的教育方法不正确,不理解孩子或者误解了孩子,但是这些小小的不足都不能否定父母爱孩子的本质。在这种情况下，男孩要感受到父母的爱，也要坚持与父母好好沟通，才能在与父母相处的过程中做到和父母互相理解，互相尊重，也才能做到友好相处。

■ 尊重父母，是每个男孩应该做到的

> **小故事**
>
> 　　小雨的爸爸妈妈都是非常普通的环卫工人，他们每天在街道上辛苦地工作，寒来暑往，刮风下雨，从没有一天停歇。小时候，小雨为爸爸妈妈从事城市的美容工作而骄傲，但是进入初中之后，小雨不由得自卑起来。每当周末，看到很多同学的父母都开着豪车来接他们回家，小雨更加自卑。
>
> 　　周五下午，和往常一样，同学们一放学就往校门口涌去。通常，小雨是自己回家的，但是这一天爸爸妈妈正好提前完成了工作，所以相约来到校门口接小雨回家，想给小雨一个惊喜。小雨看向校门口，在众多西装革履的家长中，一眼就看到了穿着黄色马甲的父母。他们是那么显眼，甚至有些刺目。小雨当即低下头，想要从父母面前溜走，却没想到父母远远地就看到了他，冲着他又是摆手又是呼唤："小雨，小雨，你快来呀！"听到爸爸妈妈的话，小雨羞愧得无地自容，简直想找个地缝钻进去。小雨满脸通红地从父母身边经过，没有和父母打招呼，就朝着家的方向走去。父母不明所以，赶紧跟在小雨身后追赶。

一路上，小雨始终一声不吭，不管父母怎么问，他都满脸严肃，沉默不语。

回到家里，小雨终于放松下来，那种如芒在背的感觉消失了。他生气地对父母说："以后，你们能不能不要来接我？我都这么大了，可以自己回家的。"爸爸对小雨说："看到其他同学的爸爸妈妈都去接他们，我跟妈妈也觉得应该接你，毕竟你也还是个孩子呀！"爸爸话音刚落，小雨没好气地说："你们不来接我，人家还不知道你们是扫大街的。看看别人的父母，再看看你们吧！"小雨的话使爸爸妈妈眼含泪水，一时之间，他们明白了小雨为何不愿意跟他们说话，不愿意跟他们并排行走了。妈妈尴尬地搓着手对小雨说："小雨长大了，知道爱面子了，以后爸爸妈妈就不去学校里接你了。我们会多给你一点钱，你放学如果太累，就不要坐公交车了，可以打车回家。"

小雨毫不领情，说："别的同学都是奔驰宝马来接，我打个车回家就是特殊待遇，人和人真是生而不同呀，我怎么就那么不会投胎呢？要是投胎在一个富人家里，我也可以成为人上人。"小雨话刚说完，就响起了一声清脆的耳光声。原来，爸爸扬起手打了小雨，小雨白嫩的脸颊上瞬间留下了鲜红的指印。妈妈当即对爸爸喊道："你打他干什么呀？你怎么下这么重的手！"小雨的眼泪簌簌而下，他怒吼道："我早就不想有你们这样的爸妈了，趁此机会一刀两断了吧。我去要饭，也比跟着你们强！"说着，小雨跑出了家门。

小雨冲动之下跑出家门，十分茫然，不知道应该去哪里。他又渴又饿，走到了一个馄饨摊前，闻着馄饨的香味走不动了。摆摊的老奶奶仿佛看出来小雨很饿，对小雨说："孩子，吃一碗馄饨吧。"小雨摆摆手，说："我没有钱。"老奶奶看着小雨脸上的泪痕和手印，对小雨说："没关系，我请你吃。"

小雨吃着香喷喷的馄饨，再次流下了泪水。他对老奶奶说："谢谢您对我这么好。"老奶奶夸赞小雨道："你可真是个知道感恩的好孩子呀！不像我家儿子，从小到大吃了我无数碗馄饨，现在却抱怨我丢他的人，没给他买房，没给他买车，也没有权势，让他不能受人巴结。我呀，问心无愧，我凭着自己的能力辛辛苦苦地养大孩子，没有人能够瞧不起我，我儿子也不能。他现在这样嫌弃我，我想，这都是因为他还不懂事儿吧。"

听着老奶奶的话，小雨感慨万千。他想到父母辛辛苦苦地扫大街，打扫干净城市的每一个角落，才能换来微薄的薪水，养大他，供他上学，给他吃喝。现在，他怎么能够抱怨父母给他丢人呢？小雨流着眼泪吃完了这碗馄饨，就赶紧回家了。来到家门前的小巷口，他远远地看到家门前有两个熟悉的身影，正就着昏黄的路灯张望着他来的方向呢！小雨赶紧跑过去，把爸爸妈妈拥抱在怀里，说："爸爸妈妈，我错了！"

分 析

人的出生是无法选择的。有人出生在富贵的家庭里，从小就锦衣玉食；有人出生在贫穷的家庭里，从小就缺吃少穿。但是不管家庭条件怎么样，父母总是想方设法给孩子最好的，所以孩子要知道感恩，要明白父母的苦心。即使发现自己在某些方面比不过其他同学，也不要因此而抱怨父母，因为父母已经竭尽全力了。

每个男孩都要尊重自己的父母，哪怕父母只是普普通通的农民，或者在城市里从事着底层的工作，即使男孩已经学得了很多知识，变得有权、有势、有钱，也不应该忘记是父母供养了自己。没有父母的生养，哪来的自己呢？没有父母辛苦的供养，又哪有自己美好的未来呢？无论如何，男孩都要怀有感恩之心。

解决方案

具体来说，尊重父母，男孩应该做到以下几点。

第一点，在日常生活中，遇到父母不懂不会的地方，男孩不要嫌弃和指责父母。有些父母年纪大了，不易接纳新鲜事物，所以在使用各种不熟悉的工具时，往往表现得非常笨拙，不知道如何操作。在这种情况下，男孩要耐心地教会父母，而不要嫌弃父母太笨，毕竟在男孩小时候学走路、吃饭的时候，父母曾经无数次地教过男孩。

第二点，不要因为父母的职业而贬低父母。俗话说，三百六十行，行行出状元。每个行业都有每个行业值得尊敬的地方，即使父母不是他们所从事行业中的状元，男孩也要端正对父母的态度。只要父母不偷不抢，不嫖不赌，凭着自己的汗水辛苦地赚饭吃，男孩又有什么资格贬低和瞧不起父母呢？相反，真正心智成熟的男孩，会因为有努力上进的父母而感到骄傲。

第三点，不管是在家庭生活中，还是在社会生活中，都要尊老爱幼。这里我们重点说的是要尊重长辈。父母是我们的长辈，爷爷奶奶、姥姥姥爷也是我们的长辈。男孩从小就要有尊敬长辈、礼貌待人的意识。尤其是面对自己的父母和长辈时，更是要给予他们足够的尊重。

第四点，在与父母有分歧的时候，或者听到父母爱的唠叨时，男孩切勿感到不耐烦。男孩要知道父母对自己的爱是非常深沉的，也要知道父母之所以反复叮嘱自己做一些事情，是因为担心自己做不好。在这种情况下，男孩一定要理解父母的苦心，而不要认为父母的唠叨毫无意义。

小贴士

每个人都是由父母辛苦哺育长大的，父母是给予我们生命的人，也是引领我们在世界上前行的人。每个男孩都要认识到父母对自己的重要性，也要正确对待父母。乌鸦反哺，羊羔跪乳，孝敬父母是中华民族的传统美德，也是每个人应尽的责任和义务。

与父母闹别扭，切勿离家出走

小故事

这次考试，乔乔的成绩有了很大退步。原本，他数学成绩能考到90多分，但是这次却只考了70多分。看着乔乔的成绩一落千丈，妈妈不免着急起来。乔乔放学刚进家门，妈妈就生气地问乔乔考了多少分。原来，妈妈早在放学之前就从老师那里得知了乔乔的分数，这股怒气已经发酵了一下午。看到乔乔的试卷之后，妈妈更生气了，当即怒斥乔乔："你是怎么考的？你是怎么回事儿？天天去上学，成绩反倒越来越差了！"

原本，乔乔对于自己考试成绩不佳很惭愧，但是在听到妈妈这样的斥责之后，他的逆反心理被激发了起来，因而乔乔也生气地对妈妈说："你考得好，你去考呀！你怎么不说你上学的时候，每次考试都是大鸭蛋呢！我至少比你还强点，我还及格了呢！"听到乔乔的话，妈妈更加火冒三丈，抬手就给了乔乔一巴掌，乔乔的眼睛里含着泪水，一言不发地看着妈妈。妈妈质问乔乔："你瞪什么瞪！再瞪！有本事瞪我，还不如把你的成绩考好一点。我小时候学习是不好，那时候家里也没钱给我上学，哪像你现在这样天天衣食无忧的，就让你学个习，还学不好，真不知道你有什么用！"

乔乔生气地跑回自己的房间，重重地把门摔上，整个傍晚都没有走出房间。后来，爸爸回到家里，听到妈妈添油加醋地说起乔乔考试成绩不好，还发怒顶嘴的事情，又把乔乔叫出来，狠狠地训斥了一顿。看到乔乔顶嘴，爸爸还罚乔乔在门口站着，不给乔乔吃饭。

妈妈做好饭之后，就和爸爸坐在餐桌旁开始吃饭。吃到一半，妈妈才一拍脑门，想起来乔乔还在门口站着呢。妈妈心一软，对爸爸说："去喊乔乔来吃饭吧。"爸爸说："吃什么吃，让他饿一顿也没事儿。让他知道吃饱了肚子多么幸福，他才能好好学习。"妈妈指责爸爸说："教训孩子就教训孩子，不给吃饭可是不对的，赶紧把乔乔喊回来吃饭，要不然你也别吃了。"听到妈妈下了最后通牒，爸爸赶紧去喊乔乔吃饭。但是到了门口，他却惊讶地发现门口空无一人。乔乔去哪里了呢？

原本，爸爸妈妈以为乔乔肯定溜到楼下小区广场上去玩了，但是没想到他们在小区里找了一圈，也没看到乔乔的踪影。这时候，爸爸妈妈都慌了神。妈妈对爸爸说："赶紧打电话问问亲戚朋友，看看乔乔有没有去他们家。"爸爸说："就算去他们家了，这么短的时间也到不了。要不，还是报警吧！"妈妈说："不到24小时，警察不给立案。要不问问老师吧，把学校同学的通讯录要来，挨个给同学打电话问问。"就这样，乔乔离家出走的消息很快就传遍了亲朋好友的圈子，也惊动了老师和同学们。此时此刻，乔乔在哪里呢？原来，乔乔坐上了公交车，要去远在郊外的爷爷奶奶家里。但是，去爷爷奶奶家要两个多小时的路程，所以他还没有到爷爷奶奶家。

车行到半路的时候，天已经彻底黑了。乔乔不由得感到害怕起来，他虽然想回家，却回不了家。他又想赶紧到爷爷奶奶家，但是公交车上的人都快下光了，车子还如同蜗牛一样慢慢吞吞地往前摇晃着。乔乔因为恐惧，忍不住哭了起来。这时，售票员阿姨看到乔乔的表现很反常，因而问乔乔："小朋友，你为什么哭啊？"乔乔对阿姨说："我是从家里偷偷跑出来的。"阿姨知道乔乔的爸爸妈妈一定万分焦急，赶紧跟乔乔要来爸爸妈妈的电话，给爸爸妈妈打了过去。得知乔乔正在去往爷爷奶奶家的路上，爸爸妈妈火速开车往爷爷奶奶家赶。等到爸爸妈妈赶到爷爷奶奶家附近的公交车站时，公交车正好也到站了。看到乔乔下了公交车，妈妈一把把乔乔搂到怀里，又急又气地说："你这个孩子，批评你两句，你怎么就离家出走呢？万一遇到坏人或者司机把你丢在半路上，我看你怎么办！这里前不着村，后不着店的，还有野兽出没呢！"乔乔也感到非常后怕，因而虽然被妈妈批评，他也一声不吭。后来，爸爸妈妈又告诉了乔乔离家出走的很多严重后果，乔乔再也不敢离家出走了。

分 析

很多孩子从小就被父母宠爱，从来没有被父母批评过，所以一旦被父母批评，他们就会无法承受，因而选择以离家出走的方式逃避，发泄一时的愤怒。离家出走很容易，但想要回家可就难了。如果不是遇到好心的售票员阿姨，乔乔很难让父母得知他此刻身在何处。万一遇到坏人，那么坏人就会把乔乔迅速带到偏远陌生的地方，使乔乔有家不能回，这样一来，乔乔的命运可就堪忧了。

也有些男孩天不怕地不怕，他们认为哪怕在外面流浪，也比在家里受气强。其实，爸爸妈妈虽然会批评孩子，甚至打骂孩子，但他们还是疼爱孩子的。社会上的坏人可不会疼爱孩子，他们只会想方设法地打孩子的坏主意，把孩子卖掉，或者是伤害孩子。很多孩子落入坏人的手中，那是叫天天不应，叫地地不灵，身陷绝境无法摆脱。

解决方案

知道了离家出走的危险，在与父母闹矛盾的时候，孩子应该采取怎样的方式，才能避免做出离家出走这样极端的举动呢？具体来说，孩子要做到以下几点。

第一点，坚持与父母沟通。很多孩子不愿与父母沟通。他们在父母面前沉默寡言，在父母不知不觉的情况下就选择了离开家，这使父母根本没有机会了解孩子真实的想法，也就无法帮助孩子解开心结。

第二点，信任父母。相信父母是为自己好的。有些孩子一旦被父母批评，就会憎恨父母。实际上，父母之所以批评教育孩子，是希望孩子做得更好。孩子在犯了错误之后，要积极主动地承认错误，也要努力改正错误，承担起属于自己的责任，这样才能让自己表现得更好。

第三点，学会向身边的亲朋好友求助。有些孩子与父母之间爆发了激烈的冲突，一时之间想要逃避却又无处可去，那么就要学会向亲朋好友求助。例如，可以去信得过的朋友或者亲戚家里度过短暂的时光，让自己和父母都能够冷静下来，这样对于解决问题是很有好处的。

第四点，要把自己的行踪告诉除了父母之外的至少一个人。如果孩子想隐瞒父母做出一些举动，那么要把自己的行踪告诉至少一个人，这样当情况比较糟糕或者非常紧急的时候，这个人就会帮助孩子发出警告，也会帮助孩子寻求帮助，从而保证孩子的安全。

总之，男孩一定要保持情绪冷静，尽量不要采取离家出走这种极端的方式去解决问题。有些男孩离家出走的初衷是吓唬父母，但是却因为在离家出走的过程中遇到了坏人导致有家不能回，甚至危及生命安全，这当然是男孩不希望发生的。

> **小贴士**
>
> 家应该是每个人最温馨的港湾，父母应该是每个孩子最可靠的依靠。从男孩的角度来说，他们要做到以上的四点，才能打消离家出走的念头。那么，从父母的角度来说，在与孩子相处的过程中，不要总是误解孩子，也不要总是从主观出发以恶意揣测孩子，否则就会让孩子感到非常委屈，在家庭生活中也感到特别压抑。这样一来，他们自然会采取极端的方式来解放自己的天性，释放自己的情感，发泄自己的负面情绪，从而使事情朝着不可控的方向发展。

面对爱的唠叨，有则改之无则加勉

> **小故事**
>
> 乔乔失而复得之后，妈妈总怕再次失去乔乔，所以每当看到乔乔有一些异常的行为或者情绪时，妈妈就会对乔乔唠唠叨叨，反复叮咛乔乔再也不要玩离家出走的花招。还再三告诫乔乔，一旦离开家，遇到坏人，再想回家可就千难万难了，说不定还会因此而丢掉小命呢！一开始，乔乔听到妈妈的叮嘱，会提醒自己不能离家出走。但是随着时间的流逝，妈妈叮嘱的次数越来越多，在乔乔的心理上引起了超限效应，所以乔乔变得非常反感妈妈的唠叨。
>
> 有一天，妈妈又在喋喋不休地给乔乔做思想教育工作，希望乔乔

能够好好学习，也希望乔乔能够保证自身的安全。乔乔终于忍不住对妈妈说："妈妈，你能不能不要唠唠叨叨，就像唐僧一样呢！你说的事情我已经记在心里了，你再说下去，我肯定就会忘记了。"听到乔乔的威胁，妈妈忍不住嗔怪道："你这个孩子，以前我没说你，你就离家出走。现在我说了，你又怪我说得太多。我到底要怎么做，你才能满意呢？"

看到妈妈如此抱怨，乔乔当即想起妈妈为自己的付出，因而对妈妈说："好吧，妈妈，那你继续说吧。我会有则改之，无则加勉的。不过，我认为如果同样的事情，你能够保持说最多三遍的频率，那么效果会更好的。"听到乔乔这么委婉的建议，妈妈忍不住笑了起来，对乔乔说："好吧，好吧！我会控制好自己的，尽量做到不唠叨。"

分析

唠叨很容易在孩子心中引起超限效应。超限效应是一个心理学名词，意思是说，当一件事情在一个人的心里反复地被强调时，它就会起到相反的效果，激发听者的逆反心理。孩子原本就有很强的逆反心理，如果父母还在不停地唠叨孩子，那么孩子的逆反心理就会越来越强。明智的父母即使是出于爱孩子的心理，想提醒孩子避免很多行为的误区，也不会这样反反复复，喋喋不休。

前段时间网络上流行着一些非常有趣的句子，例如，有一种冷叫妈妈觉得你冷，有一种饿叫妈妈觉得你饿。在家庭生活中，妈妈是照顾孩子的直接责任人。和父爱无言如山相比，妈妈的爱是更加琐碎的，也是更加温暖的。偏偏男孩在渐渐长大之后，不希望再听见妈妈反反复复的唠叨，所以他们就会对妈妈的唠叨感到厌烦。

对于男孩而言，不管对妈妈的唠叨有怎样的感受，都要始终牢记妈妈之所以唠叨，是因为爱他们，担心他们的安危。如果是一个不相干的人，又怎么会对孩子反复唠叨呢？想到这一点，男孩对妈妈就会更加宽容。从妈妈的角度来说，要控制唠叨的频率，同样一件事情只要说清楚了，让孩子记住了，就已经达到了目的。反复唠叨反而会激发孩子的逆反心理，使孩子不愿意记住，或者哪怕记住了也不愿意遵照执行，这样自然会导致事与愿违。

解决方案

面对妈妈爱的唠叨，男孩要学会调整自己的心态，以积极的态度去应对。那么，如何才能帮助男孩理解妈妈的唠叨呢？具体来说，男孩要做到以下几点。

首先，男孩要知道唠叨是爱的表现。一个人如果不爱另一个人，怎么会时刻惦记着这个人生活中方方面面的细节呢？只有爱，才能够让一个人心中始终装着另外一个人，也始终牵挂着另一个人生活的琐碎。在有了这样的认知之后，男孩就会始终牢记父母对自己的爱，理解父母对自己的唠叨，也就能够积极坦然地接受父母对自己的唠叨。

其次，为了帮助妈妈减少唠叨的次数，男孩应该给予妈妈及时的回应。有些青春期的男孩特别叛逆，他们不愿意跟父母沟通，甚至在父母与他们说话的时候，也不愿意给予父母回应。在这种情况下，爱子心切的父母自然会通过反复确认的方式，来确保孩子已经听进去自己的叮嘱，确保孩子能够保证自身的安全。为了让爸爸妈妈不再唠叨，男孩要积极地给予妈妈回应，告诉妈妈自己已经记住了妈妈所讲述的要点，这样妈妈就不会再反复说教了。

再次，男孩要想让妈妈减少唠叨，就要积极主动地做好更多的事情，达到妈妈的要求。很多妈妈之所以反复唠叨，是因为她们发现自己的话并没有在男孩的心中激起波澜，而且男孩并没有真正达到她们的要求。在这种情况下，妈妈心有不甘，就会反复唠叨。

最后，男孩可以和妈妈约法三章。在一个家庭里，妈妈往往是更爱唠叨的人，因为妈妈负责孩子的日常生活和起居，所以会关注到孩子方方面面的细节。为了帮助妈妈减少唠叨，男孩可以和妈妈约法三章，例如，告诉妈妈凡事只说一遍，而且要以合适的音量。又如，男孩还可以告诉妈妈，自己会及时给予妈妈反馈。再如，男孩可以和妈妈约定，同一件事情不能说超过三次，否则自己就要提醒妈妈不要说了。每一个父母都是第一次当父母，每一个孩子都是第一次当孩子，不管是父母还是孩子，都没有相处的经验。在这样的情况下，父母应该给予孩子更多的关注和照顾，孩子也应该给予父母更多的理解和体谅。

小贴士

家庭生活原本就是非常琐碎的，关系到生活的方方面面，每个家庭成员对此都会有自己的感触。在这种情况下，不沟通显然是行不通的，但是过度的沟通也会导致事与愿违。明智的父母在与孩子沟通的时候会找到正确的方式方法。作为成熟的孩子，在倾听父母的表达时，应该给父母吃定心丸，让父母知道自己已经准确接收到了他们想要传达的信息，从而让沟通更加高效。

■ 哪怕犯错了，也要告知父母

小故事

今天，乔乔在学校里和同学一起玩的时候，因为发生了分歧，所以和同学打了起来。乔乔挠破了同学的脸，放学回家的时候，老师特意叮嘱乔乔："乔乔，你回家之后要把这件事情告诉你的父母，让你的父母给对方同学的父母道歉。不然，对方同学的父母一定会很生气。"乔乔当即接连点头，对老师说："放心吧，老师，我会主动向父母承认错误的。"听到乔乔的话，老师这才放下心来。然而，回到家里之后，乔乔生怕自己因此被父母批评责罚，所以他隐瞒了自己挠破同学脸的事实，装作没事人一样地吃饭、写作业。

次日清晨，乔乔和往常一样去学校上学，刚刚走到学校门口，他就看到了对方同学正带着父母在校门口等他呢。乔乔不由得很紧张，他环顾四周，发现爸爸在把他送到校门口之后，已经直接开车离开了，而老师们呢，肯定早就已经到校了，所以他无人求助。这个时候，对方同学的父母拦住乔乔，问乔乔："这位同学，是你打了我家孩子吗？"乔乔点点头。对方同学的父母又说："你打了我家孩子，为什么不道歉呢？你爸爸妈妈知不知道这件事情？"乔乔支支吾吾，既不敢说自己隐瞒了这件事，又担心对方指责自己，因而显得吞吞吐吐。对方妈妈恼火地说："我们家孩子是一个漂亮的女孩，你却把她的脸给挠破了，这要是留下疤痕可怎么办？你必须把你爸爸妈妈找来，我要当面跟他们说。"

乔乔看到对方父母咄咄逼人，因而提醒对方父母："要不，我们去办公室吧。老师有我爸爸妈妈的电话，我不记得他们的手机号了。"就这样，对方父母去了老师的办公室，老师当即给乔乔的父母打了电话。老师讲述了事情的原委，乔乔父母不由得大吃一惊，说："这个孩子昨天回家什么也没说，而且他怎么能把小姑娘的脸挠破呢！我们马上就到学校，老师，请您先安抚好对方孩子的父母，不管有什么责任，我们都会承担的。"老师把乔乔父母的话转告了那位女孩的父母，女孩父母听到乔乔的父母通情达理，这才消了一点气。等到乔乔父母赶

> 到学校之后,他们赶紧向对方孩子和父母道歉,并且向老师表示歉意。看到他们的态度如此诚恳,对方父母才渐渐地消气了,并表示不再追究此事。

分 析

大多数男孩都很调皮,所以他们常常会犯错误。面对自己的错误,有些男孩能够勇敢地承认错误,承担起自己的责任;有些男孩却只想逃避,他们担心自己犯错误的事情一旦被父母知道,自己就会遭到父母的训斥和责备,因而选择向父母隐瞒实情。殊不知,这样的做法是错上加错。就像在上述事例中,如果乔乔一直向父母隐瞒实情,那么对方父母没有得到道歉,怒不可遏,问题就会变得更加严重。此外,即使犯错误了,孩子们也应该告知自己的父母,这样至少父母对于很多事情能够做到心中有数,也就可以在矛盾变得尖锐之前及时有效地处理问题。

任何事情都不可能靠着逃避去解决,逃避只能让我们暂时放下这些烦恼和困惑,只有真正勇敢地面对,我们才能在做这些事情的时候有更加出色的表现。对于尚未成年的男孩而言,在犯了错误之后一定要及时告知父母。一则,男孩及时告知父母,父母可以做好心理准备,做好积极的打算去处理和解决问题。二则,男孩犯了错误告诉父母,父母才能为男孩弥补错误,从而让受到伤害的一方消除怒气。三则,男孩犯了错误告知父母,可以让父母对男孩加深了解,也可以让父母更好地督促和监管男孩。总而言之,让父母蒙在鼓里是绝对错误的做法。

解决方案

通常情况下，男孩所犯的错误可以分为以下几类。

第一类情况，学习上出现失误，考试成绩不佳。很多男孩都曾面临这样的困境，因而他们会随意地篡改试卷的分数或者谎报分数，欺瞒父母。这样的做法虽然能求得一时的风平浪静，但也会让问题在平静表面之下持续发酵，最终导致更为严重的爆发。男孩与其让父母误以为自己成绩始终优秀，不如告诉父母自己在学习上真实的表现，这样父母才能做好心理准备。

第二类情况，在与同学相处的过程中出现争吵或者打骂。上述事例就属于这样的情况。男孩从走进校园的那一刻起，就进入了集体生活，成为集体生活的一员。在集体生活中，男孩需要与形形色色的人打交道，需要处理好各种各样的事情。如果男孩始终采取隐瞒的态度，不能以坦诚的心态去面对和处理事情，那么男孩就无法建立良好的人际关系。在向同学道歉的时候，男孩一定要非常真诚，也要及时，而不要过多地为自己辩解或者故意拖延。

第三类情况，出现品质和行为的问题。一个人要想成为真正强大的人，就要以诚实的品质和优秀的行为表现为根基。如果没有思想上的正确引导，男孩的行为就会出现很大的偏差。当出现行为和品质问题的时候，男孩不仅会遭受批评，更严重时还有可能因此而承担法律责任。所以男孩从小就要把自己的行为告知父母，这样父母才能够及时地帮助男孩改正错误行为，帮助男孩更好地成长。

总而言之，父母是世界上最爱孩子，且与孩子最亲近的人，也承担着教育孩子的重任。父母应该对男孩更加了解，知道男孩的行为举止，也知道男孩所面临的各种困境和难题。唯有如此，父母才能及时对男孩伸出援手，帮助男孩渡过难关，让男孩顺利地成长。否则，如果父母对男孩的成长一无所知，认为男孩始终都有很好的表现，那么对男孩来说，这就意味着没有人会及时引导他们的成长，从而让他们在错误的道路上越走越远。

小贴士

在犯了错误之后，男孩无须感到特别紧张。俗话说，金无足赤，人无完人，每个男孩都不可能事事完美。我们唯有给予男孩更多的引导和帮助，才能让男孩有更好的成长表现。当发现男孩犯错的时候，父母不要急于批评男孩，毕竟犯错是成长的重要方式之一。如果男孩无意间犯下错误，那么父母可以讲道理给男孩听；如果男孩故意犯下错误，那么父母可以对男孩进行一定的惩罚。只有采取有效的方式去应对，父母才能够保证孩子健康成长。

■ 修复原生家庭的伤害，爱心中的小孩

小故事

洋洋的爸爸是一个不折不扣的酒鬼，不但酗酒，还抽烟，每天都要喝好几顿白酒，还要抽一两包香烟。在这样的家庭环境中成长，洋洋的内心非常压抑，他很缺乏安全感。才刚刚进入青春期，他就迫不及待地开始了早恋。他饥渴的情感急需要得到安抚，他不安的灵魂也需要得到慰藉。

得知洋洋早恋的事情之后，爸爸并没有反思自己的原因，而是对洋洋进行了严厉的批评教育。在批评洋洋的时候，他依然是醉醺醺的。

他用发硬的舌头说着那些生涩的大道理，洋洋听了心中只有不屑。为了让洋洋结束早恋，回到正道上，爸爸还借着酒劲打了洋洋。但是，洋洋心里的叛逆之意却越来越强。后来，洋洋索性计划与他喜欢的女孩一起离开家，去大城市里打工。幸好女孩的父母及时报警，警察才在火车站把他们拦了下来。

经过一番询问之后，警察问出了洋洋家的地址，要把洋洋送回家。洋洋却对警察说："叔叔，我不想回家。那个家就像地狱一样。我只想出去打工，混一口饭吃，给自己一条活路。"听到洋洋的话，警察询问了洋洋何出此言，在听完洋洋的描述之后，警察才知道洋洋的生活是多么糟糕。

警察对洋洋说："孩子，你年龄还小，不能出去打工。你还没有16周岁呢，工厂也不敢用你啊！而且，你现在出去打工只能混口饭吃，因为你没有文凭，没有学历，将来很难有大出息。你应该好好上学，争取考上大学，这样才能过上好日子，也才能把妈妈接到身边，享享清福。"听到警察说起妈妈，洋洋被触动了心思，他哭着说："我最放心不下的就是妈妈。如果我不在家，爸爸喝醉了酒，是会把妈妈打死的。"在警察的劝说下，洋洋终于同意回家了。

回到家里之后，洋洋就像变了一个人，他不再把爸爸喝醉酒的事情放在心上。只要爸爸喝醉之后不闹事，他就随爸爸去；如果爸爸喝醉闹事，他就会像男子汉一样保护妈妈。随着洋洋一天天长大，他越来越懂事，越来越懂得保护妈妈。

分析

原生家庭给孩子带来的伤害到底有多大？这是很多人都不曾预料到的。心理学家经过长期的观察和研究发现，孩子在年幼时候受到的心理创伤，直到长大成人之后也依然会产生影响。作为父母，切勿觉得只要给孩子吃饱穿暖，就尽到了抚养孩子的义务，而是要认识到孩子不但需要满足吃喝拉撒等基本生理需求，更需要满足心理和情感上的需求。

曾经有心理学家提出，每个人的心里都住着一个小孩，一个人只有善待自己心里的小孩，才能善待自己。反之，一个人如果厌恶自己心里的小孩，那么在生活中的很多方面就会表现得特别异常。社会心理学家经过研究发现，那些变态的杀人犯和社会危险分子，小时候都曾受过严重的心理创伤。所以从现在开始，作为男孩要认识到自己必须摆脱原生家庭的伤害和束缚；作为父母，则要认识到不能在孩子年幼的时候给孩子造成心理创伤，否则就像在孩子的心中埋下了一粒仇恨的种子，终有一天，这粒种子会生根发芽，给孩子的一生带来厄运。

解决方案

为了修复原生家庭给自己带来的伤害，男孩应该做到以下几点。

首先，男孩要正视自己糟糕的成长境遇。很多男孩即便长大成人，也不愿意回顾自己的成长经历，因为他们认为那是不可见人的家庭秘密。实际上，伤疤必须揭开，只有意识到伤疤的存在才有机会痊愈。如果始终用一层假象把伤疤遮盖起来，那么我们就不知道伤疤的真实情况。从这一点上而言，勇敢面对是男孩首先要做的事情。

其次，要积极地寻求专业人士的帮助。很多男孩都没有意识到自己的心理出现了严重的问题。他们在感到抑郁或者沮丧绝望的时候，只会自己劝说自己，甚至放纵自己的行为。在这种情况下，男孩的心理问题就会越来越严重。虽然心理医生还不普遍，大多数人也都没有意识到心理门诊的重要性，但是男孩要有这样的意识，要及时地向心理医生求助。

再次，要与伤害自己的爸爸或者妈妈进行对话。虽然爸爸妈妈是这个世界上最爱我们的人，但是我们依然要敢于直面他们的缺点，分析他们做得好的地方和做得不好的地方。有些男孩对父母愚孝，他们认为既然天下没有不是的父母，那么父母不管做什么都是很对的。受到这种思想的影响，他们往往对父母采取无限度包容的态度，总是让自己的内心越来越压抑。只有放下心中的包袱，与爸爸妈妈进行对话，说出曾经受到的伤害，男孩才能真正从成长的阴影中走出来。

最后，男孩要爱自己。男孩要坚持健康的生活方式，在与人相处的时候，也要更多地关注自己，而不要把自己当成是他人的附属品。只有怀着这样的心态，男孩才能更快乐地成长起来。

感恩父母，回报父母

> **小故事**
>
> 　　时至今日，佳明依然记得自己小时候有一次发烧了，爸爸妈妈为了照顾他而废寝忘食的情形。当天晚上，佳明和往常一样吃了一碗米饭，胃口还很好呢，却没想到到了夜里十点多的时候，他全身突然变得滚烫，整个人还瑟瑟发抖。因为夜已经深了，所以爸爸先去药店给佳明买了退烧药，但是吃了退烧药之后，佳明的情况丝毫没有好转。这个时候，爸爸妈妈只好带着佳明去医院。佳明已经12岁了，身强体壮，甚至长得比妈妈还高，但是他因为发高烧全身乏力，所以爸爸只好用尽全

力背着佳明往医院走去。一路上，妈妈用手托着佳明的屁股，爸爸背着佳明往前走。听着爸爸气喘吁吁，佳明尽管昏昏沉沉，却也感动不已。

医生经过全面检查，确诊佳明患了支气管炎，还引起了肺炎。肺炎需要住院半个月呢，佳明退烧之后，想让爸爸妈妈回家休息，但是爸爸妈妈坚持要轮流守候在佳明的身边，谁也不愿意离开。他们白天上班，晚上守着佳明，又因为担心佳明在医院里很无聊，还买了很多书给佳明看，也买了一些玩具给佳明玩。妈妈想方设法地给佳明做好吃的，后来佳明的病好了，爸爸妈妈却全都累病了，他们全都有了黑眼圈。妈妈原本体质就很弱，现在更是在佳明痊愈之后，患上了严重感冒，躺在床上休息了好几天才恢复。

进入青春期之后，佳明虽然常常跟父母有分歧，但是一想到父母曾经为了他付出那么多，想到自己曾经发誓要报答父母，他心中的怒气就全消了。他暗暗地告诉自己："爸爸妈妈都是为了我好，我不能辜负他们的苦心，我要理解他们的心意。"就这样，佳明在与父母相处的过程中，始终非常信任和依赖父母，并且能够理解父母的苦心。每当爸爸妈妈过生日的时候，佳明还会想方设法地为他们准备生日礼物，只为了给他们惊喜。他们一家三口相处得非常融洽，生活得非常幸福。

分析

做人一定要怀有感恩之心，只有懂得感恩，才能对身边的人充满感激；只有懂得感恩，才能无私地为自己的亲人朋友付出。毫无疑问，在这个世界上，父母是最为无私的，每一个父母都把孩子当成自己的命根子，恨不得对孩子付出自己全部的爱，恨不得倾尽所有去抚养孩子长大，让孩子成人成才。遗憾的是，在现实的生活中，很多男孩从小就习惯于接受父母无微不至的照顾，所以他们对父母的付出并不放在心上。有些男孩还会认为父母对自己付出是理所当然的，因而对父母提出各种苛刻的条件。

试问，如果男孩对父母都没有感恩之心，又怎么会感恩身边的其他人呢？在这个世界上，除了父母之外，需要我们感恩的人还有很多。例如，老师辛苦地传授我们知识，教给我们做人的道理，所以古话才说一日为师，终身为父。这就说明了老师对每个人的成长具有极大的重要性。例如，生活中遇到的陌生人，因为机缘巧合，他们给了我们一些微小的帮助，这些帮助尽管很微小，但是却在关键时刻给了我们支持，使我们非常感动。因此，我们也应该牢记着这样的温暖和善意，虽然我们未必能够回报那些帮助我们的人，但是我们可以把这份温暖和善意在社会生活中传递，让它温暖更多的人，这样爱就变成了一种能量，得以在社会上流转。

人自称万物的灵长。如果没有感恩的意识，那么人与其他动物也就没有太大的区别。感恩是一种值得传承的美德，也是充满智慧的处世哲学。感恩的人对自己有正确的认知，对他人满怀感激，在社会生活中也能够肩负起自己的责任和义务。从这个意义上来说，感恩不但是一种情感，更是一种人生境界。一个人只有心怀感恩，才能领悟生活的真谛，才能真正地投入生活中。

2

与同学、朋友相处，克制冲动，善于共情

很多青春期的男孩都会受困于烦恼之中，无法摆脱。其实，男孩烦恼的根源之一就是冲动。如果男孩能够更加理性，克制自己，与他人建立良好的关系，增进与朋友之间的情谊，那么男孩就能够充实而又快乐地度过青春期。与此同时，当受到他人嘲笑或者贬低时，男孩还要保持强大的内心。既要拥有自信，也要学会独处，能够忍受暂时的孤独与寂寞，在孤独中从容地与自己相处，这样男孩才能掌握人际相处之道，也才能够保持情绪平静愉悦。

冲动是魔鬼

> **小故事**
>
> 　　第一节课间下课，同学们和往常一样打打闹闹，嘻嘻哈哈，玩得非常愉快。正在这时，突然发生了一场争吵。只见刘军拿起壁纸刀，对着张伟疯狂地挥舞。看到刘军这样的举动，周围的同学都惊声尖叫着逃开了。张伟避之不及，被刘军用壁纸刀在后背上划了几道长长的伤口，殷红的鲜血当即流到了地上，同学们赶紧去呼唤老师。老师看到刘军做出如此疯狂的举动，大惊失色。闻讯赶来的几位老师一边控制住刘军，一边赶紧拨打120。与此同时，几个男老师把刘军带到办公室里看管了起来，随即通知了刘军和张伟的父母，并且通知了警察。
>
> 　　原本其乐融融的课间活动，为何突然成了这一血腥的情景呢？原来，刘军与张伟之间发生了口角。刘军的妈妈是一个卖菜的。有一次，张伟和妈妈去买菜的时候，看到刘军正在妈妈的摊位上写字。课间，因为与刘军发生矛盾，张伟不假思索地说："刘军，你妈妈不就是个卖菜的吗？你有什么了不起的！说的好听点是卖菜的，说的不好听点就是要饭的。"听到张伟的话，刘军当即火冒三丈。他知道妈妈非常辛苦，在和爸爸离婚之后，独自卖菜抚养他长大很不容易，因而他最不能容忍的就是别人说他妈妈的坏话。
>
> 　　这个时候，刘军指着张伟的鼻子说："我警告你，不要提起我的妈妈，因为你不配！你要是再敢提起我妈妈，我就让你好看。"这时，因为有同学在旁边围观，张伟为了颜面当即张口说道："你妈妈就是个要饭的，就是个要饭的！"正是这句话激怒了刘军，刘军随手拿起

了锋利的壁纸刀冲着张伟挥舞。

张伟被送到医院之后，整个后背缝合了很多针。锋利的壁纸刀在他后背划的每道伤口都很深，险些要了他的小命。此时此刻，张伟后悔不已，他不应该刺激刘军，更不应该触碰刘军的底线。刘军呢？他依然振振有词地说："他侮辱我的妈妈，我就让他付出代价。"

刘军的妈妈赶到学校之后痛哭流涕，对刘军说："刘军呀，人家想说什么就让人家说去，你做出这样的事，难道就不让妈妈心碎吗？"听到妈妈的话，刘军这才感到懊悔，他对妈妈说："妈妈，对不起。"看到刘军对妈妈如此有孝心，也考虑到刘军是因为冲动才做出了这样的事情，警察对刘军做出从轻处理，以免刘军因此误入歧途。后来，刘军妈妈东拼西凑了很多钱赔偿给张伟，并真心诚意地向张伟道了歉，张伟的父母这才原谅了刘军。

分析

青春期的男孩血气方刚，他们有的时候会因为一句话，或者是对方一个不经意的举动就火冒三丈。为了避免发生极端的情况，男孩一定要控制好自己的情绪，既不要挑衅别人，也不要因为冲动做出让自己追悔莫及的事情。

有些男孩还特别讲究"哥们义气"，为了获得团队的认可和接纳，他们明知道做某件事情是错的，还是会和团队里的其他成员一起去做，结果在不知不觉间触犯了法律，最后令自己后悔莫及。虽然每个男孩在成长中都需要几个兄弟朋友，但是一味地讲哥们义气是不可取的。尤其是对于冲动的男孩来说，当看到团队里其他成员一致决定要做某件事情的时候，他们就更难保持理性思考，做出正确的决定。

🔍 解决方案

男孩与朋友、同学相处时，一定要善于克制冲动，因为冲动是魔鬼，会让人瞬间陷入地狱。只有克制住冲动，男孩才能主宰自己的内心，驾驭自己的情绪，做出理性的举动。那么，在被别人激怒时，为了缓解愤怒，男孩应该怎么做呢？

首先，设身处地为他人着想，与他人共情。很多男孩都只从自己的角度出发考虑问题，所以根本无法理解他人的行为举止。如果能够设身处地为他人着想，与他人共情，即使他人做出伤害自己的事情，男孩也有可能选择原谅，因为男孩真正做到了理解和体谅他人。

其次，按下情绪的暂停键。情绪就像一个录音机，会一直播放那些令我们思维混乱的声音。当情绪达到巅峰时，我们要及时按下情绪的暂停键，这样那些聒噪的声音就不会再影响我们，我们也就有足够的时间去恢复平静与理性。

再次，可以暂时离开让自己冲动的现场。很多男孩在置身于特殊的情境之中时，情绪会特别冲动。为了让自己保持理性，男孩可以当即离开现场，给自己更多的时间恢复平静，也可以采取有效的措施帮助自己转移注意力，做自己喜欢的事情，这些方式都能给情绪降温。

最后，找到合理的宣泄渠道。例如，有些男孩在情绪冲动的时候，会以运动和奔跑的方式发泄负面情绪，也有些男孩会以大声喊叫的方式排解心中郁积的情绪。这些方式虽然并不一定适合每一个人，但是都能有效地帮助男孩发泄心中的负面情绪。此外，男孩还可以看看书、唱唱歌等，只要是能够帮助自己的情绪平静下来的方法，都是值得一试的。

☀ 小贴士

总而言之，冲动是魔鬼。一个真正强大的男孩，首先应该能够主宰和驾驭自己。如果一个男孩连自己都控制不了，又谈何征服整个世界呢？所以男孩要想让自己成为真正的强者，就要从克制冲动、克制愤怒做起。

不嘲笑和贬低同学

小故事

在小学阶段，陌陌是个不折不扣的乐天派。虽然他的父母都并非有权有势，他的家境也只能勉强达到小康水平，比不上那些富豪有钱，但是，陌陌总能够得到满足。这是因为爸爸妈妈一直致力于为他提供最好的成长条件，也是因为陌陌从来不热衷于比较。然而，在愉快的小学结束之后，进入初中阶段，陌陌发现周围的同学们都发生了微妙的变化。同学们会根据家庭经济情况，自动分为很多小圈子。那些富裕人家的孩子们很喜欢在一起交往，张口闭口说的都是名牌，说的都是与奢侈消费品有关的事情。而那些普通人家的孩子则聚集在一起，说一些普通而又平凡的事情。毫无疑问，陌陌被划入了普通人家孩子的圈子里。每当看到那些有钱人家的孩子们在一起吃喝挥霍时，陌陌总是既羡慕又自卑。

有一天中午，陌陌吃完午饭，看到那几个有钱人家的孩子又聚在一起谈天说地，他感到很羡慕，因而在不远处侧耳倾听。这个时候，有一个同学看到陌陌百无聊赖，就对陌陌说："陌陌，加入我们吧。"

陌陌得到邀请后非常开心，他当即加入了这些同学的圈子。

听着同学们满口名牌，说起去过其他国家的经历滔滔不绝，陌陌虽然很想参与交流，却始终插不上话。这个时候，一位同学问陌陌："陌陌，你都去过哪些国家呀？"陌陌没想到这个同学会突然问他，因而一时之间不知道如何回答，张口结舌，非常尴尬。这个时候，另外一个同学笑着说："陌陌呀，估计就在自己的家里待过，从来没出过我们大中国吧！"听到这位同学的话，陌陌羞得满脸通红，从此之后，他再也不跟那些同学一起交流了。

此后很长一段时间，陌陌一直郁郁寡欢。为了获得优越感，他在与那些家境普通的同学说话时，也会时不时地炫耀自己。例如，他会炫耀爸爸出差给他带回来的土特产，炫耀妈妈托人从美国给他带回来的名牌鞋子。渐渐地，陌陌越来越追求名牌，越来越喜欢获得物质上的享受，以满足自己的虚荣心。周末，妈妈带着陌陌去商场里买运动服，发现陌陌居然看不上那些国产的品牌了，非要买进口的名牌。

意识到陌陌的改变，妈妈对陌陌说："陌陌，运动服穿国产的就好，又不是什么高科技产品，而且世界上的很多名牌都是中国代加工的呢！这充分说明我们国家的制衣水平是很高的。"听到妈妈的话，陌陌不屑一顾地说："制造水平再高有什么用啊，我们买的不就是牌子吗！我们班里很多同学穿的都是名牌，我可不要被他们嘲笑。只有穿着名牌，我才能有优越感。"听到陌陌这么说，妈妈马上一本正经地告诉陌陌："陌陌，物质上的水平只能代表父母的实力，而不能代表你的实力。你既不要嘲笑和贬低同学，也不要被同学嘲笑和贬低。一个人家境如何，与他个人是没有关系的，而是他父母努力的结果，所以家里有钱你也不用骄傲，家里没钱你也不用自卑。我认为你穿合适你的衣服就可以，而且不要再继续与同学攀比。如果真的要与同学比，应该去比成绩，而不是比父母挣钱的能力。"听了妈妈的话，陌陌羞愧地低下了头。

分析

在很多学校里，同学之间攀比成风，他们不但攀比名牌，攀比谁用的文具更好，也攀比谁的开销更大，还攀比父母，攀比父母的工作，攀比家里的房子、车子等。总而言之，在孩子们的比较之中，一切都变了味道。其实，人都是有嫉妒心理的，也都想要在比较之中赢得他人的关注。一旦陷入攀比的怪圈，孩子们就不可能保持内心的平静。如果孩子小小年纪就开始盲目讲究和追求物质上的享受，那么他们就会疏于成长，荒废学习。

作为父母，在发现男孩有攀比的倾向时，要引导男孩更加关注自身的精神与内在的成长，也要引导男孩在学习上与同学展开比较。当男孩形成了竞争意识，致力于通过自身的努力与同学在学习上一较高下时，相信他们在学习上会有更大的进步。

要想戒掉攀比物质和金钱的坏习惯，男孩应该有广阔的心胸。正如陌陌妈妈所说的，家庭条件的优渥是父母努力的结果，与孩子并没有直接的关系，所以比较家境，其实对于孩子们而言是没有意义的。真正内心强大的男孩，不会因为自己家里很穷就感到自卑，也不会因为自己家里有钱就趾高气扬，瞧不起同学。在与同学相处的过程中，男孩要更注重考察同学的性格和品质，通过沟通了解同学的志向与梦想，这样才能寻找到志同道合的朋友，与对方互相激励，共同成长，一起走过美好的青春岁月。

与人同住，管好自己

小故事

利利从小在家里娇生惯养，得到了父母无尽的宠爱。父母只有利利这一个宝贝儿子，所以不管家里有什么好吃的、好玩的，他们都会留给利利。在家庭生活中，利利需要的一切，父母全都早早地为他准备好。总而言之，利利从小到大都衣来伸手，饭来张口，从来没有为生活忧愁过。原本，利利以为自己会这样一帆风顺直到长大成人，却没想到自从初中进入寄宿制学校之后，他就遇到了各种困难和障碍。

原来，在家里生活的时候，利利以自我为中心，父母也以利利的需求为中心，家人不管做什么事情，都是为了满足利利的需求。但是在进入寄宿学校之后，一个宿舍里有四个孩子，所以孩子们在一块儿相处，难免会磕磕碰碰。每个孩子都是父母的心肝宝贝，都是父母的掌上明珠。这样一来，孩子们都形成了以自我为中心的思维习惯，他们虽然在一起生活，每个人却都以满足自己的需求为主，因而很容易出现各种矛盾。

这不，今天中午，大家都在午睡，利利却因为睡不着觉，躺在床上听音乐。他虽然戴着耳机，但是音乐的声音依然很大。这个时候，有同学对利利提出意见："我们都在午睡，你能不能安静一点呢？"利利毫不客气地说："我在听音乐，你能不能安静一点？"就这样，利利和那个同学争吵了起来，结果害得全宿舍四个人都没有睡午觉。

有一天晚上，利利去图书馆看书，回来的时候已经比较晚了。其他三个人都睡得迷迷糊糊，利利却依然和正常回宿舍一样洗漱，把其他三个同学都吵醒了。三个同学一致指责利利，利利感到很委屈，辩解道："我总不能不洗漱就睡觉了吧？"三个同学异口同声地说："你要洗漱就早点回来呀。"利利坚持认为自己必须洗漱完才能睡觉，就这样，利利与同宿舍的其他三个同学之间的关系越来越紧张。

分析

在现实生活中，利利身上发生的情况并不少见，尤其是在独生子女时代，大多数孩子都是家里唯一的孩子，得到了父母无微不至的照顾，所以他们很少能够考虑到他人的需求。在与同学的住宿生活中，同学们同在一个屋檐下，在很多事情上都会有分歧和冲突，这就导致彼此之间的矛盾难免发生，接连不断。例如，在第一个事例中，同学们都在睡觉，利利却在听音乐。音乐声隔着耳机传到了同学们的耳朵里，导致同学们无法安心入睡。其实在这种情况下，利利可以选择看书，因为看书的声音是更小的，更不易打扰别人，既能够打发自己不想入睡的午休时间，也能够照顾到同学们的需求。在第二个事例中，利利要去图书馆看书，就可以在傍晚的时候提前洗漱，晚上回来直接上床睡觉，或者早一点回到宿舍，趁着大家都还没有睡觉的时候洗漱，这样就可以与大家统一作息时间，以免对大家造成影响。有的时候，生活中看似微不足道的小事却会引起很大的矛盾，作为当事人，只要能够换一个角度思考问题，顾及他人的需求，也适当调整自己的生活节奏，很多问题就能迎刃而解。

解决方案

人们常说，相爱容易相处难，这句话告诉我们，即使是两个相爱的人，要想相处得和谐融洽也是很难的，更何况是棱角分明的孩子们呢！发生各种矛盾，有些磕磕碰碰，更是必然的。男孩要想更好地与同学相处，除了要能够设身处地为他人着想，不要犯以自我为中心的错误之外，还要怀有一颗宽容的心。很多时候，当其他同学做得不够好，给自己造成困扰的时候，男孩要多多宽容其他同学。反之，男孩在做出很多举动的时候，也要考虑到自己的举动是否会给他人带来困惑。如此两面兼顾，男孩才能更好地与同龄人相处。

从父母的角度来说，为了帮助男孩更好地与他人相处，应该在家庭生活中早早地做好准备。例如，父母不要让整个家庭的生活都围着孩子转，也不要以孩子为中心，决定所有的事情。在整个家庭里，父母和孩子都是平等的，父母要考虑孩子的需求，孩子也应该学会考虑父母的辛苦，这样才能建立良好的亲子关系，营造良好的家庭氛围。

在日常生活中，当孩子与他人之间有矛盾和分歧的时候，父母还要学会引导孩子站在他人的角度上思考问题。所谓设身处地，虽然不能使孩子完全理解和体谅他人，但是至少可以让孩子知道他人做出某种行为是有苦衷的，从而对他人怀有宽容之心。这样一来，在集体生活中，孩子就会有更好的人际交往表现。

现代社会中，大多数孩子从初高中就开始住校，也有极少数孩子从小学甚至幼儿园就开始住校。毫无疑问，住宿生活对于孩子而言是一个挑战，父母应该先帮助孩子做好心理建设和心理准备，孩子自己也应该在与人相处的过程中有所感悟，有所改变。如果每个人都像刺猬一样，竖起满身的刺靠近他人，那么不但会扎伤他人，也会被他人身上的刺扎伤。每个人只有与他人之间保持适度的距离，才能与他人相互取暖，不被他人身上的刺扎伤，这才是人际相处最佳的距离。当然，每个人都有自己的脾气秉性和生活习惯，在相处的过程中，男孩要处处留心，选择最合适的方式与他人进行磨合，使住宿生活更加愉快融洽。

2 与同学、朋友相处，克制冲动，善于共情

■ 被朋友"出卖"怎么办

> **小故事**
>
> 　　傍晚，妈妈正在厨房里做饭，小伟蔫头耷脑地回到家里，一声不吭地就走进房间，把门关上了。平日小伟回到家里，总会和妈妈打招呼，还会走到厨房里看看妈妈做了什么好吃的，今天小伟的表现很反常，妈妈特别担心。
>
> 　　原本，妈妈想在吃晚饭的时候问问小伟发生了什么事情，但是看到小伟满脸严肃，兴致不高的样子，妈妈打消了这个念头，佯装不知情，全家人其乐融融地吃了饭。吃完晚饭之后，妈妈小声地告诉爸爸小伟今天有些异样，爸爸经过仔细观察也觉得很纳闷，思来想去，爸爸决定问问小伟到底发生了什么事情。看到小伟洗完澡正准备休息，爸爸走进小伟的卧室，装作漫不经心的样子问小伟："小伟，今天在学校里开心吗？"听到爸爸提出这个问题，小伟的脸色马上变得严肃起来。他沮丧地对爸爸说："今天？还算是开心吧，但是也有一件不好的事情。"看到小伟很想倾诉，爸爸赶紧问道："发生了什么不好的事情？说出来让爸爸给你一点参考意见，好不好？"
>
> 　　小伟问爸爸："爸爸，你以前遭遇过背叛吗？"听到小伟的话，爸爸仿佛猜到了小伟所说的不好的事情是什么。爸爸想了想，对小伟说："以前我也曾认为自己遭到了背叛。但是现在想来，那些事情并没有那么严重。当时我那么生气，其实是有些反应过度了。"听到爸爸这么说，小伟来了兴致，继续追问爸爸到底是什么事情，爸爸把自己在年少时期曾经发生的事情讲述给小伟听了。小伟听完之后，深有

感触地对爸爸说:"爸爸,你说的这件事情跟我今天发生的事情很像呀。我们都遭遇了背叛,我的好朋友把我的秘密告诉别人了,还把我要做的事情也告诉了老师,简直太气人了。"

听到小伟这么说,爸爸悬着的心终于放了下来。此前,他还以为发生了什么重要的事情呢。这个时候,爸爸问小伟:"既然现在你把事情都说出来了,那么你觉得事情还有那么严重吗?"小伟摇摇头说:"就像你说的,当时觉得很严重,事后想想其实也没有那么重要。既然我把这件事情告诉了好朋友,我就应该做好他会说出去的准备,毕竟天底下没有不透风的墙。"小伟话音刚落,爸爸就对他竖起了大拇指,说:"你能这么想,就说明你真的成熟了。不过,既然这件事情给你带来了这么大的困扰,那你就可以和好朋友沟通一下,也许对方只是不知道你把这个秘密看得这么重要,所以才会说出去的。如果你告诉对方,你不想让他说出这个秘密,那么我想他会尊重你的意见。"在爸爸的建议下,小伟决定采取正面有效的方式解决问题,在和好朋友沟通之后,他们彼此谅解了。

分 析

青春期男孩最害怕遭遇朋友的背叛和出卖,但有时候他们把一些事情定性为背叛和出卖,的确是有些过度了。对于男孩而言,他们在当时的确觉得某件事情很重要,但是随着时间的流逝,他们会发现这个秘密其实并没有他们想的那么重要。即使偶尔说出来,或者是被更多的人知道,也并不会带来多么严重的后果。

从另一个角度来说,对于自己不想让别人知道的秘密,男孩自己首先要做到保守秘密。当男孩把一个秘密告诉别人的时候,就要做好这个秘密可能会被泄露的准备。在遇到这种情况的时候，男孩要从自身寻找原因，而不要把责任都推给他人，尤其是要避免冲动。很多男孩因为缺乏自制力，往往会冲动地做出一些不可挽回的举动，造成严重的后果，从而让自己陷入深深的懊恼之中。俗话说，说出去的话如同泼出去的水，是收不回的。同样的道理，做出的举动一旦造成了严重的后果，更是无法弥补的。

从认知的角度来说，男孩要学会判断什么是背叛和出卖。出卖与背叛都是贬义词，代表着一种非常糟糕的行为和举动。有的时候，男孩在与朋友相处的过程中，如果朋友并没有做出多么严重的举动，那么男孩就不要言过其实。有的时候，虽然朋友做出的举动对男孩并没有造成严重的后果，但是其举动的性质却是背叛和出卖，那么男孩就要对这样的朋友敬而远之。

解决方案

当然，人与人之间的相处是很难的，作为男孩要有一颗宽容的心，要能够理解和体谅他人，宽容他人做出的一些不那么理性的事情。古人云：人非圣贤，孰能无过？男孩结交一个朋友是需要付出很多心力与感情的，如果因为朋友犯了小小的错误，就与朋友一刀两断，那么男孩就会成为孤独的人。只有真正懂得宽容的男孩，才能得到朋友的友好对待。

具体来说，在遭遇朋友的出卖时，男孩要做到以下几点。

第一点，男孩要保持冷静和理智，要看看朋友的所作所为会造成怎样的后果。如果并不会造成严重的后果，那么男孩就要宽容以待；如果会造成严重的后果，那么男孩也先不要急于追究朋友的责任，而是要想方设法地补救。

第二点，人们常说防患于未然，为了避免自己的秘密满天飞，男孩首先要做的就是管好自己的嘴巴。对于那些不能被人知道的秘密，最好不要告诉任何人，这样才是对秘密负责的最好办法。反之，当男孩把秘密告诉某个人的时候，就应该做好准备，预见到这个秘密会被所有人知道。

第三点，男孩要心胸坦荡。其实，一个人所拥有的秘密应该是很少的，毕竟我们做的每一件事情都应该是能够告知天下的，只有这样我们才能够无愧于心，才能够坦然地面对他人。

第四点，正确地理解出卖与背叛。所谓出卖与背叛，都代表着品质的恶劣。男孩不要轻易地给朋友贴上这样的负面标签。如果朋友因为一不小心而泄露了秘密，那么男孩可以把自己的感受告诉朋友；如果朋友是出于不可告人的目的才故意泄露男孩的秘密，那么男孩就要有火眼金睛，要认清楚对方是否是真的朋友，判断对方是否可以继续深交。人与人相处从来不会一帆风顺，总要经历一段磨合的时间。对于男孩而言，与朋友相处更是需要秉承一条原则，那就是路遥知马力，日久见人心。越是在关键时刻，越能够看透朋友的真心。当然，作为男孩，也要经受住考验，在朋友需要的时候为朋友挺身而出，这才是真正的友谊。

■ 有勇气说出"小秘密"

小故事

升入初一之后，加加与小雨成为了好朋友。这不仅是因为他们有共同的兴趣爱好，还因为他们从小学开始就是同学。在进入初中之后，面对着班上大多数陌生的同学，他们自然而然地抱团取暖，友谊快速升温，很快就成为了真正的好朋友。

开学才一个多月就进行了月考，加加的入学成绩还是很不错的，但是在月考中,他的表现却很糟糕。他的成绩相比入学成绩下滑了很多,名次也倒退了不少,这使父母对加加进行了教育,也给加加制定了目标,即加加在期中考试中必须前进30名。听到父母说出这个目标,加加惊讶地张大了嘴巴,他说:"你们就不能把我的入学成绩视为一场意外吗?现在才是我的真实水平。"加加的话无异于火上浇油,父母当即严厉地训斥了加加,还说加加胸无大志呢!

加加在提心吊胆中过了一个多月,终于迎来了期中考试。也许是因为紧张,加加这次考试又失利了,比上一次考试还低了两分。可想而知,等待着他的是一场疾风骤雨。加加一气之下决定离家出走。当天来到学校,他对小雨说:"中午我就要离开学校了,这样下午老师会误以为我有事情先离开了,不会马上联系我父母,我就有了整个下午的时间用来逃离。我要去南方,去深圳找我表哥,他在那里打工。我表哥是当保安的,他说当保安不需要文凭,所以我也要去当保安。"听到加加的计划,小雨非常害怕,他赶紧劝说加加打消离家出走的念头,但是加加主意已定。

下午,班主任没有到班,任课老师看到加加的座位空着,以为加加已经跟班主任请过假了,也就没有特别留意。傍晚放学后,等了很久,加加还没有到家,父母才开始着急起来。父母当即联系老师,老师又经过一番调查,这才知道加加中午就已经离开了学校。父母当然会责备老师没有及时关注加加的情况,但是现在寻找责任人并不能解决问题,当务之急是要赶紧找到加加。全班同学和老师,以及部分家长都在到处寻找加加,小雨却躲在自己的房间里写作业。看到小雨反常的行为,妈妈感到非常纳闷。妈妈暗暗想道:"按理说,加加离家出走,小雨应该是最着急的。但是,小雨却这么淡定,肯定是因为他知道什么内幕。"这么一想,妈妈试探着问小雨,小雨支支吾吾,闪烁其辞,不愿意告诉妈妈真相。妈妈严肃地对小雨说:"小雨,趁着加加走的时间还不长，还能避免糟糕的后果，你赶紧说出真相。如果你只讲哥们义气，一直隐瞒真相，那么加加一旦落入坏人的手中，后果不堪设想。"

听到妈妈把问题说得这么严重，小雨非常害怕，他当即就把加加要离家出走去深圳找表哥的事情向妈妈和盘托出。妈妈赶紧打电话通知了老师和加加的父母，加加的父母马上奔到车站联系乘警，乘警经过一番联系，得知加加正在去往深圳的列车上，父母的心这才放了下来。他们拜托乘警和乘务员照顾好加加，自己则立刻买了飞机票，火速飞往深圳。

分析

在这个事例中，幸好妈妈发现了小雨的异常，从小雨口中得知了加加的去向。如果小雨始终严守朋友的秘密，讲哥们义气，保护加加的秘密，那么，加加的命运可就不得而知了。毕竟出门在外，孩子孤身一人很有可能会遇到危险，离家出走很有可能会变成一去不返。

青春期的男孩特别看重同伴的评价，他们不希望因为出卖同伴，泄露同伴的秘密而遭到同伴的排斥和抗拒。他们很渴望融入同龄人的团队，很希望能够与同龄人结成亲密无间的关系。在这样的情况下，他们就会选择对秘密守口如瓶。幸好妈妈告诉了小雨加加离家出走最为严重的后果，小雨才出于保护加加的原因而说出了加加的秘密。

解决方案

青春期男孩在遇到事情的时候应该有自己的判断，既要对哥们、朋友信守承诺,却也不要盲目地为他们保守秘密。具体来说,保守朋友的秘密要区分不同的情况。例如,朋友说出来的秘密并不会危害到某个人的生命安全,那么男孩可以对秘密守口如瓶。又如,朋友的秘密关系到朋友的人身安全,或者关系到其他人的安全,那么男孩就要经过理性思考做出正确的决定,知道什么才是真正帮助朋友的行为,认识到在某些特殊情况下,保守秘密反而会害了朋友。

随着不断成长,男孩的心思越来越敏感。很多男孩因为与父母之间发生了矛盾或者冲突,就会一怒之下做出离家出走的行为。男孩如果知道朋友实时的动向,一定要及时告知老师和父母。如果男孩有足够的能力,还应该阻止朋友离家出走,这才是真正保护朋友的行为,也是真正对朋友负责的行为。

■ 坚强面对"嘲笑",勇敢进行"自嘲"

> **小故事**
>
> 在学习轮滑的过程中,达达因为一不小心摔倒导致腿部严重受伤,他的右腿胫腓骨骨折了,上下端还有严重骨裂。因为骨裂非常严重,达达没有办法做手术,所以只能在家里休学静养一年。刚骨折的时候,达达从大腿根部到脚趾头都打着石膏,这使他连坐起来都非常困难,只能平躺在床上。就这样躺在床上几个月,达达的骨头虽然长得很好,但是他的体重却因此而增加了20多斤,成了一个地地道道的小胖子,看着镜子里自己的脸就像气球一样圆润,达达感到苦恼极了。
>
> 达达在家静养了一年的时间,终于恢复了健康。他原本想留级一

年，但是老师认为他的学习底子比较好，能够跟得上学习进度，因而建议达达继续跟着熟悉的班级一起升级。达达刚刚回到学校的时候，同学们因为一年没见达达，都对达达非常热情。他们还送给达达一些礼物，纷纷祝贺达达恢复健康。感受到同学们给予的温暖，达达非常开心。然而，这样的日子没有维持多久，达达遇到了困境。有些同学开始嘲笑达达，这是为什么呢？原来，在上体育课的时候，同学们进行了跑步训练，而达达因为长时间缺乏运动和锻炼，所以跑了倒数第一名。看到这样的情形，听着同学们的嘲笑声，达达开始拒绝上体育课。有的同学甚至毫不掩饰地对达达喊道："小胖达，要加油呀！"

听到同学们的话，达达更郁闷了。他想让爸爸妈妈去跟老师申请不上体育课，但是爸爸妈妈很严肃地对达达说："上次你去复查的时候，医生说你因为一直躺在床上，所以腿部有些骨质疏松，而且是废用性骨质疏松。因而医生建议你必须加强运动。现在，你的腿已经完全康复了，可能功能方面还有一些欠缺，需要一段时间恢复，这也是因为缺乏锻炼导致的。所以你不但要上体育课，还要加强运动和锻炼。"听到爸爸妈妈的话，达达感到非常为难，却欲言又止。看着达达的表情，爸爸看出了一些端倪。经过爸爸的询问，达达把同学们嘲笑他的话说给了爸爸听。

爸爸很理解达达的感受，他对达达说："我知道你的感受，我也知道没有人喜欢被人嘲笑。不过，如果你为自己解释，反而显得你很心虚。我认为你不如采取自嘲的方式，让同学们不再嘲笑你。""自嘲？"达达感到很纳闷，他问爸爸："什么叫自嘲？"

爸爸说："自嘲就是自己嘲笑自己。例如，同学们再说你是小胖达，让你加油跑的时候，你可以说我是一个动力强劲的马达，只不过还没启动起来呢！你们等着，等我把这一身肥肉甩掉，我一定表现给你们看。"听了爸爸的话，达达忍不住哈哈大笑起来。爸爸说："看吧，这些话既可以把自己逗笑,也可以把别人逗笑。因为你有勇气进行自嘲,同学们说不定还会很钦佩你呢!"

在爸爸的建议下,达达采取了自嘲的方式。果不其然,一段时间之后,再也没有同学嘲笑达达了,他们反而很钦佩达达在这么长时间没有上学之后,还能够在各门学科上都紧紧跟上来呢!

分 析

人生的道路从来没有一帆风顺的,尤其是对于好动的男孩而言,运动导致的受伤随时都有可能发生。对于运动给自己带来的伤害,男孩应该坦然地面对,而不要为此怨天尤人。有的时候,在被身边的同伴嘲笑时,男孩不要感到很难堪,毕竟嘴巴长在别人身上,别人想说什么就可以说什么,我们应该坚守自己的内心,要怀着强大的内心去面对这些嘲笑或者是不合时宜的话语,这样才能避免情绪出现大的波动。真正勇敢的男孩,既能够忍受身体上的伤痛,也能够承受心灵上的打击。他们不会因为失败而一蹶不振,反而会越挫越勇,勇敢地向失败宣战。

需要记住的是,任何时候都不要抱怨,因为抱怨虽然能够暂时让我们发泄负面情绪,但是会让我们陷入负面情绪之中无法自拔。只有真正想出切实有效的办法,我们才能够战胜厄运,也才能够有更好的表现。

自嘲是一种很高级的幽默形式,代表着男孩拥有很多智慧,也代表着男孩能够随机应变。当男孩敢于以自嘲的方式为自己解围时,他就敢于面对一切嘲笑和尴尬,也就不会因此而否定自己了。

男孩应该学会风趣幽默、机智灵活地处事,以自我解围的精神面对嘲讽。任何时候,只要男孩的内心足够强大,外界的言语和行为就不能真正伤害到男孩。

任何时候，男孩都要相信自己，充满自信，这样才能有足够的底气进行自嘲。

设身处地为他人着想

小故事

　　小东与好朋友小北吵架了。他和小北从小一起玩到大，从穿开裆裤的时候就是好伙伴，现在更是进入了同一所小学，又升入了同一所初中，所以他们的友谊是非常深厚的。回到家里，小东告诉妈妈自己和小北吵架的事情。妈妈听小东诉说了原委，忍不住抱怨道："小北这孩子怎么回事儿呀，明明跟你是好朋友，却对你斤斤计较。我看，你以后还是别跟他走得太近了！"

　　听到妈妈的话，小东突然话锋一转，对妈妈说："妈妈，我只是跟你抱怨抱怨小北而已，并不是要跟小北绝交。小北的爸爸妈妈离婚了，所以他的内心缺乏安全感。我既然跟他是好兄弟，就要对他全心全意，多多理解他、包容他。"听到小东的话，妈妈悬着的心暗暗地放了下来。她想：看来小东真是个好孩子，能够为好朋友着想。这次，我临时考验小东，小东给我交了一份满意的答卷。

　　想到这里，妈妈对小东说："小东，你真的是这么想的吗？"小东点点头，说："牙齿还会碰到舌头呢，你跟爸爸不也经常吵架吗？我和小北是好哥们，吵架是正常的，我们虽然不是床头吵架床尾和，但我们是今天吵架，明天和好。等着看吧，明天我和小北就又是好兄弟了。"

妈妈语重心长地对小东说:"小东,你能这么想,妈妈真为你感到骄傲。好兄弟、好朋友之间就应该互相着想,互相谅解。小北这个孩子从小就离开了爸爸,和妈妈相依为命,所以他很缺乏安全感。他从小就和你是好朋友,所以他会希望你对他真诚,妈妈既希望你能够安抚好小北,也希望你能够带着小北一起与更多的人相处,结交更多的朋友。妈妈相信小北在你的带领下,一定会渐渐地打开心扉,收获更多的朋友。"

听着妈妈的话,小东陷入了沉思。过了许久,小东对妈妈说:"妈妈,你放心吧,我一定会努力做到的。"果然,第二天,小东与小北又和好如初了,小东还把妈妈为他精心准备的三明治分了一半给小北吃呢。

分析

如今,很多男孩都只会为自己着想,这是因为在家庭生活中,他们得到了父母所有的关爱,在成长的过程中,他们总是能够如愿以偿。渐渐地,他们就形成了以自我为中心的错误想法。他们在家里是不折不扣的小皇帝、小霸王,出门在外也继续沿袭在家的传统,恨不得所有人都对他们俯首称臣,唯命是从,像父母一样对他们无私付出,然而这是不可能的。

解决方案

因为以自我为中心,凡事都维护自己的利益,所以孩子们在与他人相处时往往会面临很大的困境和挑战。为了避免出现这种情况,父母们在抚养孩子的过程中,应该引导孩子多多为他人着想。如果孩子与他人产生了争执和分歧,父母切勿偏心，更不要一味地指责他人，而是要引导孩子学会站在他人的立场上思考问题，体会他人的感受，洞察他人的想法。只有坚持这么做，孩子才能对他人感同身受，才会为他人着想。

当然，一个人无论怎么设身处地都不可能真正了解他人的所思所想，对于孩子而言更是如此。但是，孩子不能因此就放弃换位思考，因为只有尽量站在他人的角度上看待和思考问题，孩子才能更好地理解他人的情绪和感受。

当孩子坚持做到设身处地为他人着想时，他们就会从自私狭隘变得越来越宽容友善，这是因为他们已经能够体会他人的情感，也能够理解他人的苦衷。渐渐地，对于他人有意或者无意做出的伤害自己的事，他们也就能予以包容和谅解。

在设身处地为他人着想的过程中，孩子还能够与他人产生共情，丰富自己的情感体验。有些孩子心思非常狭隘，他们做任何事情都只从自身的角度出发，而很少顾及他人的感受，这使他们很少有朋友，常常孤立无援。为了改善这种情况，父母就要让孩子学会与他人共情，体谅他人的辛苦，从而怀有感恩之心与宽容之心。日久天长，孩子自然会拥有更多朋友。

一个人不可能永远留在自己的家里，过属于自己的生活。孩子小时候虽然主要在家庭范围内进行活动，与家人相处，但是随着不断成长，从进入幼儿园开始，他们就已经走出了家庭，走入了小小的社会。随着进入小学、初中、高中，甚至是大学，直到最终真正地长大成人，进入社会开始工作，孩子的天地会变得越来越宽广，接触的人和事也会越来越多。在这种情况下，设身处地为他人着想，就成为孩子必备的一种人际交往能力和品质，它将会给孩子带来丰富的人脉和良好的社交关系。

3

男孩要有责任感,照顾小家心怀大家

男孩从小在父母无微不至的照顾下成长,随着不断长大,男孩变得越来越强壮,内心也越来越坚强,从而肩负起了属于自己的责任。遗憾的是,太多男孩从小就过于依赖父母,在父母无微不至的疼爱和照顾下,他们的依赖性越来越强,独立性越来越差。渐渐地,他们就成为了"妈宝男"。所以,要想让男孩真正长大,父母一定要有意识地培养男孩的责任感,让男孩既能够照顾好小家,也能够心怀大家,这样男孩才能成为真正的男子汉。

责任感是男孩的立世根基

> **小故事**
>
> 费宁10岁，正在读小学四年级。和班里其他同学相比，费宁显得很成熟，这不是因为费宁长得老气横秋，也不是因为费宁听话懂事，而是因为费宁特别具有责任感。通常情况下，孩子们在犯了错误之后，第一时间想到的就是逃避。为了逃避责任，他们或者撒谎，或者推卸责任，或者把事情归咎于他人。总而言之，他们就是不能勇敢地承认错误，更不敢承担起属于自己的责任。只有费宁是个真正的男子汉，他对于自己的错误，总是能够积极地承认，对于自己的责任，更是能够勇敢地承担。
>
> 周末，费宁和同班的几个同学在小区的广场上踢足球。他们玩得非常开心，正在这个时候，有人狠狠地一脚射门，却因为一个踉跄导致足球改变了运动轨迹，射中了一楼一户人家的窗户。随着哗啦一声脆响，窗户上的玻璃应声碎裂，碎片纷纷掉落下来。小伙伴们见此情景，全都跑得无影无踪，只有费宁还留在原地。
>
> 这时，一楼的住户跑了出来，大声问道："是谁把我们家玻璃砸坏了？"费宁走过去，对一楼的邻居说："大爷，您好。我和小伙伴们一起踢足球，不小心把您家的玻璃踢碎了。您看，我现在回家拿钱，赔偿给您，行吗？"听到费宁的话，大爷原本一脸严肃，现在却满脸笑容。他对费宁说："原来是小费宁呀！没关系，我自己去换一块新玻璃吧。"
>
> 费宁一本正经地对大爷说："大爷，不行，这个玻璃是我们踢碎的，不能让您自己换。我们既然犯了错，就必须承担起自己的责任。您放心，

我有压岁钱,不需要跟爸爸妈妈要钱。"说着,费宁跑回家里,从储钱罐里拿出了100元压岁钱,又跑回一楼送给邻居。虽然邻居再三推辞,但是费宁坚持要赔偿玻璃。

当天晚上,邻居看到费宁爸爸回家,对费宁爸爸说起费宁的事情,爸爸对邻居说:"没关系,这是他应该赔偿给您的。如果100块钱不够,您告诉我具体的金额,我让他再补给您。"邻居再三推辞说:"不用,不用!咱们都是邻居,孩子又这么听话懂事,一块玻璃不碍事的。"后来,费宁得知邻居换玻璃花了120块钱,又拿了20块钱给了邻居。

看到费宁主动承担责任,那个踢坏玻璃的孩子非常羞愧。他把这件事情告诉了爸爸妈妈,爸爸妈妈得知他才是踢碎玻璃的罪魁祸首,而费宁却主动为他顶罪,便劝说他要向费宁学习。后来,这个孩子把赔偿玻璃的钱还给了费宁。从此之后,他变得和费宁一样特别有责任感,也能够勇敢地承担责任。

分析

一个人不管是否有才华,不管能力强弱,一定要有责任心。所谓责任,是每个人应该肩负起的重任。只有勇敢地为自己负责,我们才能感到充实而又踏实,感到幸福而又满足。责任可大可小,对于孩子而言,写作业是他们的责任,认真听讲是他们的责任。但把责任放在更为广阔的背景下去看,孩子们还应该为中华之崛起而读书。每个孩子都要有责任感,只有这样,才能拥有远大的志向,也才能在面对成长中的各种境遇时,始终坚持不懈,勇往直前。

在孩子的成长中,父母又肩负着怎样的责任呢?很多父母在养育孩子的过程中都对自己的责任产生了错误的认知,他们认为只要给孩子吃饱穿暖,就是对孩子尽责的表现。其实,父母真正的责任是塑造孩子的心灵,以正确的方式爱孩子，引导孩子，教育孩子，培养出孩子的责任心，这样孩子在长大成人之后才能够成为有担当的栋梁之才。

有些父母本身就缺乏责任感，他们遇到责任就想逃避，遇到自己需要承担的损失或者是赔偿，就会不断地推诿。要知道，父母是孩子的第一任老师，孩子是父母的镜子，父母要想培养出有责任心的孩子，就要以身作则，坚持在生活的点点滴滴中给孩子树立最好的榜样。

也有些父母爱孩子没有限度，他们把孩子视为掌中宝，视为心肝宝贝，不管孩子提出什么要求，他们都会满足；不管孩子想要什么，他们都会无私地给予。父母不知道，这样的爱其实是溺爱，而不是理性的爱。这样的爱会让孩子只知道索取而不知道付出与感恩，只知道逃避而不知道担当。父母这样爱孩子，看似付出了很多，实际上并没有承担起教育孩子的重任，并不利于培养孩子的责任心与感恩心。当孩子在家庭生活中习惯了以自我为中心，不管做什么事情，他们都只知道维护自己的利益。在有朝一日走入社会，融入人群之中的时候，他们就会无视他人的需求，或者对他人不够尊重和关爱。

缺乏责任心的孩子不能成为国家的栋梁之才，更不能为社会和人民做出贡献。他们在学习上会遇到很多困难，例如，没有责任心的孩子不愿意主动完成作业，也不能做到及时完成作业，对待作业敷衍了事，字迹潦草。没有责任心的孩子，不知道读书是为了自己，而认为自己是为了父母和老师才读书的，所以他们对待学习的态度就会很敷衍。随着孩子不断成长，父母一定要让孩子认识到自己的责任所在，培养孩子的责任心，从而把孩子的思想和精神提升到更高的高度，引导孩子在生命的历程中表现得更加优秀。

人生的道路是漫长的，责任心将陪伴我们走过这漫长的一生。我们每走好人生的一步，都是在对自己负责。如果不小心走错了路或者误入歧途，那么不要怨天尤人，也不要推卸责任，而是要主动承担起自己该承担的责任。对大多数男孩来说，他们是在校学生，都应该以学习为最主要的任务。等到有朝一日，他们以优异的成绩从学校毕业，正式步入社会，会组建自己的家庭，会拥有自己的生活，那么他们需要肩负的责任就会越来越多。当然，责任感并非天生就具有的，每一个男孩都应该有意识地培养自己的责任感，也要在点点滴滴中体现出自己的责任感和承担责任的勇气，这样才能成大器。

■ 敢于承认错误，才是真的勇敢

小故事

这天，列宁跟着妈妈去姑妈家里做客。因为已经很长时间没有来姑妈家里了，所以列宁见到姑妈家的兄弟姐妹们非常兴奋，他们当即奔跑着玩起了捉迷藏的游戏，你追我赶，玩得不亦乐乎。这个时候，妈妈正跟姑妈坐在厨房里聊天呢。突然，妈妈跟姑妈听到客厅里传来清脆的陶瓷碎裂声。姑妈赶紧奔向客厅，妈妈紧随其后。到了客厅，她们发现姑妈最喜欢的一个陶瓷花瓶已经在地上变成了碎片。姑妈心痛不已，当即质问孩子们是谁打碎了花瓶。几个孩子全都胆战心惊地站在那里低垂着头，姑妈挨个孩子问："是你打碎了花瓶吗？"表哥表姐表弟们全都摇摇头，当姑妈问到列宁的时候，列宁不敢抬头看向姑妈，他低着头，摇了摇头，妈妈在一旁看到列宁的表现，知道是列宁打碎了花瓶。但是现在是在姑妈家里，妈妈不想戳穿列宁，还想给列宁留点面子，所以妈妈选择保持沉默。

自从回到家里之后，妈妈经常会给列宁讲关于承认错误的故事。有一天晚上，妈妈刚刚给列宁讲完一个故事，列宁就突然哭了起来。妈妈佯装不知情，问列宁："孩子，你怎么了？"列宁懊悔地对妈妈说：“妈妈，是我打碎了姑妈的花瓶，我不够勇敢，我没有承认错误。"听到列宁这么说，妈妈如释重负，她暗暗想道：列宁能够主动承认错误，说明他还是一个诚实的孩子，也是一个有责任心的孩子。妈妈语重心长地对列宁说：“列宁，虽然你因为一时糊涂，或者是因为害怕，撒了谎，没有向姑妈承认错误，但是没关系，只要你现在敢于承认错误，也还是不晚的。"

列宁对妈妈说：“等到下次去姑妈家做客时，我一定会向姑妈道歉。"妈妈趁热打铁说道：“为何要等下一次去姑妈家做客呢？为何不现在就向姑妈道歉呢？你可以给姑妈写一封信，向姑妈承认错误，并且请求姑妈的原谅。"在妈妈的提醒之下，列宁当即拿起纸和笔，坐在台灯下给姑妈写了信。很快，他就收到了姑妈的回信，姑妈在信里说：“虽然花瓶很宝贵，也是我的心爱之物，但是你的诚实、你敢于承担责任的精神更为可贵。"

分 析

孩子们为什么会撒谎呢？很多孩子之所以撒谎，一个重要的原因就是他们想逃避责任，不敢承认自己所犯的错误。就像是故事中的小列宁一样，小列宁明知道那个花瓶是姑妈最爱的花瓶，也知道这个花瓶破碎了姑妈会非常伤心，但是他没有勇气承认错误，也不敢承担起这样的责任。后来，在妈妈的引导之下，他意识到诚实的品质和勇于承认错误的精神才是最为可贵的，所以主动向妈妈承认了错误，又在妈妈的引导下给姑妈写信道歉。经过这次事件以后，相信列宁一定会更有责任感，也会变得更加勇敢。

解决方案

除了在犯错误的时候要积极地承认错误，承担责任之外，在日常生活中，男孩还应该坚持自我反省。有的时候，我们对自己所做的错误行为无知无觉。在这种情况下，我们就无从改正。所以，只有坚持自我反省，积极地认识到自己所犯的错误，我们才能进行改正，也才会在自己走上歧途的时候迷途知返。

很多男孩都希望自己能够不断地获得进步，也希望自己能够获得真正的成功，其实这些看似非常远大的目标，并不是男孩成长的最终目的。对一个坚持学习和进取的男孩来说，只有不断地超越自己，战胜自己，才能让自己进入更好的状态，也才能让自己扬长避短，发挥优秀品质，弥补自己的不足，从而获得更大的进步。

除了面对错误要积极反省之外，男孩还要学会面对他人的批评。很多男孩看似勇敢，实际上内心非常脆弱，他们最害怕的就是被他人批评。一旦被他人批评，他们就会想尽办法来为自己辩解，为自己推卸责任。其实，承认错误也包括接纳他人的批评。虽然批评的话语不会悦耳动听，但是那些批评我们的人一定都是真心为我们好的人。因为只有真正的朋友，才会为我们指出缺点和不足，让我们坚持进步。

小贴士

当男孩能够正确地面对错误，能够积极地接纳批评，也能够坚持自我反省时，他们就会成为勇敢的男孩。

■ 做好自己该做的事情

> **小故事**
>
> 　　彤彤是家里的独生子，从小到大，父母把他的生活安排得非常周到。他不需要为任何事情而操心和担忧。然而，日久天长，彤彤对父母的依赖性越来越强，不管做什么事情都要求助于父母，不管面对什么难题，都要父母帮助他解决。父母渐渐意识到，彤彤如果继续这样下去，将来就无法成为独立的人，所以狠下心来要把彤彤送到寄宿学校上初中。
>
> 　　这天早晨，彤彤就要离开家去寄宿学校，开始初中生活了。妈妈尽管理智上知道彤彤必须要走向独立，但心里还是对彤彤充满了担忧。她反复地叮嘱彤彤：早晨要按时起床，要抓紧时间洗漱，然后要带好学习用品去食堂吃饭，这样就省得再回宿舍拿书本了。听到妈妈唠唠叨叨的话，彤彤不以为意。他不耐烦地对妈妈说："好啦，不要啰唆啦。我都知道了！"妈妈失落地说："你都知道了，但是你能不能做到呢？我很为你担心呀。"
>
> 　　爸爸妈妈已经把彤彤上学所需要的各种学习和生活用品提前送到学校了，所以报到这天彤彤只需要自己坐公交车去学校就行。虽然彤彤强烈要求独自去学校，但是爸爸妈妈始终不放心，坚持要开车送彤彤去学校。彤彤厌烦地对妈妈说："妈妈，我已经长大了，你能不能不要总是把我当小宝宝？老师说了，之所以要求同学们提前把住校的东西送到学校，就是为了让开学这一天同学们都能独立到校。如果大家看到我是由你们送过去的，一定会嘲笑我的。"

在彤彤的再三坚持下，爸爸妈妈终于妥协了。但是，妈妈对彤彤又是一番千叮咛万嘱咐。到了学校之后，彤彤原本兴致勃勃，因为他觉得自己终于可以摆脱妈妈的叮咛嘱托和无微不至的照顾了，但是到了晚上，他却忍不住哭了鼻子。原来彤彤不会叠被子，看着叠得四四方方的"豆腐块"，他很想把被子拉开睡觉，但是又担心自己早上起床的时候不能叠得四四方方，影响宿舍的分数。思来想去，他决定坐着度过一晚。后来，由于实在太困倦，他趴在宿舍的桌子上睡着了。次日醒来的时候，彤彤腰酸背痛，浑身就像散了架一样。彤彤意识到自己不能再这样坐着睡一晚上了，所以他当即就和那些刚刚起床的同学学习叠豆腐块。经过反复练习，彤彤终于能够把被子叠得有点形状了。这天晚上，他睡得可真香呀，虽然学校的床铺很硬，但是他却沉浸在香甜的美梦中。

接下来的日子里，彤彤又学会了做很多事情。例如，自己洗衣服，自己刷鞋，自己整理衣柜等。这些事情从小到大都是妈妈代替彤彤去做的，现在彤彤自己亲手去做了，才知道原来妈妈很辛苦。在学校里度过了漫长的一个月，彤彤终于可以回家了。他非常想念妈妈做的红烧肉和酱猪蹄，迫不及待地想要吃到这两种美食。他刚刚回到家，一进门就闻到了红烧肉和酱猪蹄的香味。彤彤忍不住对妈妈说："妈妈，谢谢你给我准备这么多好吃的。"听到彤彤的话，妈妈惊讶极了，感动得眼眶发红。她暗暗想道：孩子离开我的身边，终于长大了！

分 析

如今，大多父母都会代替孩子做所有的事情，久而久之，孩子习惯了养尊处优，凡事都不想动手，希望得到父母的照顾。甚至，他们认为父母为他们做这些事情都是理所当然的，对父母丝毫没有感恩之心。有朝一日，父母老去，没有能力继续照顾孩子，孩子却成为不折不扣的"巨婴"。对于孩子而言，这该是多么可怕的一件事呀。所以，明智的父母会从小培养孩子独立自主的意识，让孩子学会自己的事情自己做，做好自己该做的事情，这样孩子才能够渐渐地从依赖父母到独立生活。

在上述事例中，彤彤原本是一个衣来伸手、饭来张口的"小皇帝"，但是在被父母送到寄宿学校读初中之后，他不得不靠着自己的力量和双手去做很多事情。他虽然一开始做得不够好，但是随着练习次数越来越多，他渐渐地做得越来越好，而且他的做事能力也得到了提升。如果父母不对彤彤放手，彤彤是不会有这样的进步的，所以从父母的角度来说，既要扶持着孩子，让孩子走得更远，也要及时地对孩子放手，让孩子飞得更高。

解决方案

具体来说，做好自己该做的事情有哪些好处呢？

首先，做好自己该做的事情，能够培养孩子的动手能力，磨炼孩子的意志，让孩子变得更加坚强和勇敢。如果孩子从来不曾承受过失败的打击，那么一旦遇到小小的挫折，他们就会不知所措，甚至举步不前。只有在经历过失败的打击之后，他们才能够拥有更强的意志力，才能够成为对社会有用的人。当然，孩子并非生而就具备各方面的能力，父母一定要付出更长的时间和更多的精力给予孩子相应的锻炼，孩子才能够不断成长起来。古今中外，很多伟人之所以能够成就伟大的事业，就是因为他们从小就独立自主。

其次，做好自己该做的事情，还能够培养孩子独立的意识和自立的生活习惯。在很多家庭里，父母对唯一的孩子都特别宠溺，虽然家里的经济条件一般，但是父母却会倾尽所有为孩子提供最好的生活条件，使孩子从小就习惯于过优渥的生活。刚开始的时候，孩子也许会感恩父母的付出，但是日久天长，孩子们就会把父母的付出视为理所当然。有朝一日，在孩子不得不离开父母的身边独自生活时，他们却发现自己什么都不会做，这简直太糟糕了。所以父母要引导孩子走出属于自己的路，要支持孩子去闯出属于自己的崭新天地。古人云，一屋不扫，何以扫天下？对于孩子而言，如果连生活中的小事都不能做好，又怎么能够干好惊天动地的大事呢？

现代社会发展的速度特别快，我们的国家更是日新月异，这使每一个国民都要更加积极主动地赶上时代的发展。青少年应该有理想，有抱负，更应该具备独立生活的能力，还要拥有不甘落后、坚持向上的决心。从现在开始，男孩们就要积极主动地锻炼自己各方面的能力，培养自己在生活、学习方面的各种好习惯，并且要端正生活的态度，积极地履行自己的责任和义务，这样才能成为社会的栋梁之才。

诚信守时，争分夺秒

小故事

在寒冷的冬日里，每天早晨起床都是最艰难的时刻。乐乐晚上写作业通常要写到很晚，所以早晨起床就变成了一场残酷的考验。实际上，在长期上学的过程中，乐乐已经养成了六点起床的好习惯。但是六点醒来的时候，看到同宿舍的人都还在酣睡，他很犹豫是否要去晨跑。想到六点半还要去教室里进行早读，乐乐又有些迟疑：我跑得浑身大汗，早读的时候汗干了，一定会觉得很冷，不如直接等到六点半去教室早读吧。这么想着,乐乐决定再睡十分钟。然而,这十分钟睡过去了,再睁开眼的时候,已经七点钟了,早读也已经结束了,乐乐只好匆匆忙忙地吃了早饭。在纠结之中,乐乐既错过了晨跑,也错过了早读,就连早饭都吃得囫囵吞枣。

高中的生活才开始没多久,乐乐就发现校园生活与家里规律有序的生活是截然不同的。在家里,早晨起床晚了,妈妈会提醒乐乐按时起床。晚上睡觉晚了,妈妈会提醒乐乐早一点休息。但是在高中,虽然学校也有统一的作息时间,但是同学们大多需要依靠自觉,才能合理地安排好学习与生活。

开学才一个月,乐乐就感到极其不适应,每天都被时间追赶着。他决定要彻底改变这种现状。于是乐乐用了一个小时的时间为自己制定了一个严格的作息表,早晨五点半起床参加晨跑,六点半到教室开始早读,七点钟吃饭,八点钟上课。看起来,这个时间是非常完美的,但是,乐乐能否坚持执行呢?乐乐这次下定了决心,早晨五点半,闹铃的震动声把他叫醒的时候,哪怕同宿舍的同学们还在发出呼噜声,他也坚决地起床了。如此坚持了几天之后,乐乐发现充分利用时间的感觉真的好极了,那种被时间追赶着的感觉也渐渐消失了。而且,乐乐觉得自己变成了时间的主人,他能够真正地驾驭时间了。后来,乐乐把白天其他的时间也进行了细致的划分,最终他成功地提高了时间的利用率。他的学习生活非但没有变得匆忙,反而变得越来越从容。

分析

时间是组成生命的材料,每个人要想主宰自己的生命,就要能够主宰时间,做时间的主人。那么,如何才能成为时间的主人呢?我们必须先树立珍惜时间的意识，养成珍惜时间的好习惯。

在现实生活中，很多人都没有认识到时间的价值。例如，有些人为了能够省几块钱，宁愿排队半小时；有些人为了能够省几毛钱，宁愿不坐公交车，而选择步行。如果步行是为了锻炼身体，排队是为了吃到美味的食物，那当然是无可厚非的，但如果这么做的目的只是为了省钱，那么我们就要衡量一下时间与金钱之间的价值关系了。

古人云，一寸光阴一寸金，寸金难买寸光阴。这句话告诉我们，时间是人生中最值得珍惜的资源，每个人做每件事情都要耗费大量的时间资源。但是，偏偏因为时间看不见摸不着，所以大家都对时间的消耗怀有漠视的态度。为了对时间有更为明确的概念，男孩应该形成成本和价值的观念，尤其是要把时间成本计算到做事情的成本里，这样才能大大提升时间的利用率，使得时间价值最大化。

很多孩子都觉得人生是漫长的，生命的时光多到不管怎么挥霍和浪费都不会终结，实际上这是对时间、对生命的误解。有人说生命如同白驹过隙，转瞬即逝。当孩子虚度时间的时候，就会觉得时间过得很慢；当孩子珍惜时间的时候，就会觉得时间转瞬即逝。

具体来说，男孩如何做到争分夺秒，利用好每一分每一秒的时间，也做到诚信守时呢？这里所说的诚信守时不仅仅是指在与他人相约时能够遵守时间，也指在与自己约定好，做一些事情的时候，能够遵守时间。例如，上述事例中，乐乐意识到自己浪费了时间，继而按照自己的计划合理充分地利用时间，这就是诚信守时的表现。

解决方案

男孩要想成为时间的主人，就要做到以下几点。

第一点，明确自己每天需要做的事情。很多男孩每天浑浑噩噩，对自己在这一天的时间里要做好的那些事情完全没有概念，也从来不曾进行过统计和规划，这使他们每天做事都随心所欲、漫无目的，常常遗忘已经规划好的事情，使时间的利用率大大降低。

第二点，明确每件事情所要用到的时间。虽然我们不能具体准确地说出每件事情需要用到的时间，但是总会有一个大概的预估。只要没有意外发生，与实际情况就不会相差很大。这样，男孩对于时间就会有一个大概的规划。

第三点，规划每天的具体时段要做具体的什么事情，这样时间就会变得触手可及，变得清晰可见。如果我们对于每个时段的任务都模糊不清，总是随心所欲地做一些事情，那么这些时间的价值就会大大降低。

第四点，奖惩分明。既然是计划，为了起到督促的效果，就应该有明确的奖励和惩罚制度。例如，当男孩能够坚持在一个星期内都严格遵守时间计划，那么就可以奖励自己一盒巧克力。如果男孩在一个星期内违反了时间计划，那么就可以惩罚自己做一些家务，或者是做一些平时不想做的事情。这样一来，男孩受到了奖惩，自然会对于遵守时间计划有更强大的动力。

男孩养成诚信守时的好习惯，也是具有责任心的表现。与他人约会时，遵守时间是对他人负责；在执行自己制订的计划时，遵守时间是对自己负责。另外，除了要合理利用大段的时间之外，男孩还要学会利用碎片化时间。在生活中，有大量的碎片化时间，单独来看，每一段碎片化时间都是非常短暂的，转瞬即逝，但是一旦把碎片化时间充分加以利用，使其产生的效率累积起来，就会产生惊人的效果。例如，利用每天排队等候公交车的时间背诵英语单词，日积月累，单词词汇量就会大大提升；利用每天等着吃饭点餐的时间看书，日久天长就能看完一本厚厚的书。对于男孩而言，只有学会时间管理，才有可能获得想要的成功。

拥有自控力，做自己的主宰

小故事

很小的时候，豪杰就是一个电视迷。那时候，他才两岁，每当奶奶看电视的时候，豪杰就能够坐在电视机前，盯着电视屏幕，一两小时守在屏幕前。对于豪杰这样的表现，奶奶感到非常有趣。她觉得，才两岁的豪杰根本看不懂电视上在讲些什么，就只是看着电视中的光和影，这简直太有趣了。这个爱看电视的习惯一直延续到初中，初中的生活是非常紧张的，但是豪杰依然热衷于看电视，只不过和两岁的时候相比，豪杰不再是随便什么电视节目都看，而是有了自己喜欢的电视节目。例如，他特别喜欢看电影，也喜欢看球赛。每到节假日，豪杰就会坐在电视机前一整天；每当到了寒暑假，豪杰甚至半个月都不出家门，每天从起床到睡觉一直坐在电视机前。为此，全家人都说豪杰是个"宅男"。

在上学的日子里，有的时候为了看电视，豪杰还会投机取巧，少写作业，甚至不写作业。有几次，老师发现豪杰没有写作业，通知了爸爸妈妈去学校面谈。得知豪杰看电视入迷到这种程度，严重影响了学习，爸爸妈妈决定出手干涉了。

昨天晚上，老师布置了很多作业，不过因为第二天要去春游，所以老师说作业如果当天晚上完不成，春游的晚上完成也可以。得到老师的这个特赦令，豪杰可算是找到了看电视的理由。他一放学就回家，坐在电视机前，眼睛眨都不眨地盯着电视屏幕，就连晚饭都是坐在电视机前吃的。虽然爸爸妈妈几次三番地催促他完成作业，但是豪杰却说等到明天春游结束后回家再写也来得及。这个时候，妈妈暗暗下定决心，要给豪杰一个教训。

妈妈和爸爸约定再也不催促豪杰完成作业了，任由豪杰一门心思地看电视。结果，豪杰看完电视之后已经是深夜了。第二天，他因为睡眠时间太短，整天都是一副昏昏欲睡，无精打采的样子。虽然他早就盼望着春游了，但是因为睡眠不足，所以他春游的时候感到非常疲惫和困倦，对于景区的景点全都是走马观花，并没有留下很深的印象。回到家里，他困得要命，只想躺在床上睡觉，但是一想到作业连一个字都没写，他只好强制自己坐在书桌前开始写作业。

结果，作业写了不到1/3，豪杰就趴在书桌上呼呼大睡了。爸爸原本想喊豪杰起来继续写作业，妈妈却临时改变了主意，说："不要喊他写作业，让他继续睡。我们提前通知老师，让老师明天狠狠地批评批评他，也让他长长记性。"就这样，妈妈与老师进行了沟通，老师借此机会狠狠地批评了豪杰，豪杰觉得很羞愧。当天下午放学回到家里之后，豪杰对爸爸妈妈说："如果我再看电视，你们就批评我，把电视关掉。我决定以后周一到周五都不看电视，周六周日每天只能看两小时。"听到豪杰做出这样的决定，爸爸妈妈都非常惊讶，但是他们都对豪杰表示支持。妈妈更是语重心长地说："一个人一定要拥有自控力，如果没有自控力，就不能够掌控自己。可以试想一下，一个人如果连自己都不能够掌控，又能够做好什么事情呢？"豪杰重重地点点头，对妈妈所说的话表示认可。

想让电视迷豪杰改掉沉迷电视的坏习惯，谈何容易。第一天晚上，豪杰就忍不住又开始看电视，但是爸爸当即关掉了电视。后来，在完成作业之后，豪杰还想看一会儿电视再睡觉，妈妈却说："睡不好觉，明天上课就会无精打采，听课效率下降，是会影响学习的。而且你都说了，周一到周五不看电视。如果你不能做到的话，我跟爸爸只能把

> 电视从家里搬走，送给爷爷奶奶看。这样一来，你就不会再惦记着看电视了。"豪杰可不想让电视从自己的生活里消失，听到爸爸妈妈的话，他赶紧乖乖去睡觉了。在爸爸妈妈与老师的密切配合之下，豪杰渐渐改掉了爱看电视的坏习惯，能够做到在周末适度地看电视，他的学习成绩也越来越好了。

分析

　　一个人要想获得成功，就一定要具有超强的自控力。对于男孩来说，更是如此。如果男孩总是任由自己依照本性去做事，放纵自己，那么他们就不可能做出成就。例如，缺乏自控力的男孩会在课堂上偷偷地看小说，不愿意听老师讲课，那他就会落下整节课。而有自控力的男孩会在老师讲课的时候专心听讲，课后认真完成作业，还会利用课余时间去看一些课外书籍，以丰富自己的知识面。当男孩坚持这么做的时候，他就能够两者兼顾。

　　曾经有心理学家做过实验，发现一个人养成坏习惯是非常容易的，但是要养成好习惯却很难。这是为什么呢？因为坏习惯遵从和顺应人的本能，而好习惯则需要人们对自己加以克制。在这种情况下，人们必须先控制自己的思想，才能控制自己具体的行为举止。具体来说，我们要知道自己想做什么，想实现怎样的目标，从而制定指导自己行为的准则，并且以此为标准采取切实有效的行动。

　　看到这里，也许有些男孩认为控制自己的思想很容易，但是男孩在真正主宰自己思想的过程中，就会发现控制自己的思想其实很难。例如，男孩正在写作业，却听到有同学召唤大家一起去打篮球或者是看电影，那么做作业就难免心神涣散；男孩正在专心致志地听讲，窗外突然传来热烈的欢呼声，男孩就会忍不住地想"外面到底发生了什么事情"。在这个世界上，思想是最自由的，一个人即使身陷囚牢，思想也可以张开翅膀自由地飞翔，男孩一定要取得思想的掌控权，从而支配自己的行动。

很多时候，男孩与自己的思想做斗争，并不是为了战胜自己的本能，而是为了履行自己的职责。每个人都肩负着责任，每个人都不可能是完全自由的。在履行责任的过程中，孩子难免要对自己提出一些挑战，并坚持完成这些挑战，这对孩子而言是极大的突破和进步。

■ 拥有团队精神，提升合作意识

小故事

学校里即将举办秋季运动会，得到这个消息，同学们全都兴奋异常，因为他们又可以借此机会为班级争夺荣誉了。但小伟身材比较矮小，体质也相对较差，所以每年到了运动会的时候，大多数同学都摩拳擦掌，跃跃欲试，只有小伟无精打采，如同霜打了的茄子一样。他并不认为自己能够在运动会上展现风采，为班级争光，所以他主动选择成为啦啦队队长，为大家加油打气。

不过，今年的比赛可有些特殊。往年，每个班级里总有一些同学心甘情愿当绿叶，今年，学校为了调动起所有同学的积极性，特别设置了拔河比赛这个项目。拔河比赛是要求全班参加的，这样一来，不管同学们有什么借口，都不能拖班级的后腿，只能勇往直前，用尽全力争取在拔河比赛中取得好成绩。

　　拔河比赛看起来似乎只要用蛮力就能够获得成功，比的就是力气的大小，而实际上拔河比赛也是有技巧的。为了在拔河比赛中取得好成绩，在距离运动会召开还有几天的时候，只要一有时间，老师就带着同学们去操场上拔河。刚开始的时候，大家都不会用力，而且力道也比较分散，不集中，所以总是轻易就被其他班级拔了过去。看到自己的班级输得这么惨，同学们全都灰心丧气，也忍不住互相抱怨。

　　小伟虽然个子小，嗓门却特别大，他看到同学们萎靡不振的样子，突然间吼了一嗓子说："大家要把劲往一处使，这样才能赢得比赛呀！我们是一个整体，大家不要各自为战，而要齐心协力，凝聚力量。"

　　听到小伟这句话，老师忍不住竖起了大拇指。小伟话音刚落，老师就说："同学们，小伟说的很有道理。拔河比赛必须拥有团队精神，要坚持合作，这样才能让每个人的力量汇聚在一起。如果大家都各自为政，哪怕每个人都拼尽了全力，也不可能战胜对手。"

　　在老师和小伟的号召下，同学们这次全都放下了小我，心怀集体。为了让集体的力量发挥到最大，他们主动调整了自己的位置，力气最大的在前方和最后，力气小的同学分散在中间，这样就保证了力道的均衡，大家也能够持续地用力。对于每个人的脚，全班同学也认真研究了应该如何放，才能避免互相牵绊，做到互相支撑。经过这样细致的安排之后，班级的整体力量明显得到了提升和增强。在又一次训练中，他们一下子就把对手班级拉了过来。这次胜利让同学们振奋信心，勇气十足。后来，在正式的比赛中，小伟所在的班级战无不胜，不但打败了全年级的班级，还打败了高年级，获得了拔河比赛的全校冠军。

分析

一根筷子易折断，十根筷子抱成团，这句话告诉我们，一个人的力量是弱小的，而更多的人聚在一起，就会变得更加坚固，不容易被困难打倒。这句话也非常形象地诠释了团队精神。

现代社会，已经不是个人英雄主义的时代了，每个人都很难靠着自身的力量做成伟大的事业。要想有所成就，我们就必须把自己像一滴水融入大海一样融入集体之中。反之，如果我们总是搞个人英雄主义，认为自己是无所不能、无可替代的，那么就会与集体分裂，自然也就很难取得成功。

对男孩而言，在班集体生活中，他们很容易就会意识到，每个班级都需要不同的人组合在一起，根据每个人的所长进行合理的安排分工，这样整个班级才会爆发出强大的力量。其实，社会生活也是如此。在现代化的社会生活中，不管从事什么职业，担任什么职务，我们都需要与他人精诚团结、密切合作，这样才能彼此成就。

解决方案

那么，在与团队合作的过程中，男孩应该做到以下几点。

第一点，男孩应该放下小我，融入大我。很多男孩心里只有自己，他们不管考虑什么问题，都从自我的角度出发，都只想维护自身的利益，为此不惜损害集体的利益。皮之不存，毛将焉附。每个人都是依附于集体而存在的，如果集体的利益受损，那么个人的利益也就不可能实现。只有明白这个道理，男孩才能够舍小我，成大我，才能借助集体的力量创造成功的奇迹。

第二点，当个人利益与集体利益发生冲突的时候，个人利益要服从集体利益。很多男孩没有大局观念，他们只想凭着一次突出的表现，给他人留下深刻的印象。其实，这是错误的想法。一个人即使能力再强，也只是昙花一现，只能给他人带来暂时的深刻印象。一个人不可能始终在所有方面都有杰出的表现，这就使男孩在自我成长的过程中会面临很多困境。既然如此，不如把个人利益让位于集体利益，当集体利益得以圆满时，个人利益也就得到了保障。

第三点，三人行必有我师。在团队生活中，男孩一定不要高高在上，目空一切，不把任何人看在眼里。男孩要认识到尺有所短，寸有所长。每个人都有自己的能力和特长，所以男孩要学会与他人互相合作。有的时候，我们想要挑起大梁，却因为思维受到局限、能力有所欠缺而很难取得进步、有所创新。在这种情况下，如果我们能够敞开心扉与他人交流和沟通，说不定还能激发我们的灵感，从而做出属于自己的成就呢！

第四点，在取得成就的时候要归功于集体。很多男孩一旦有了成就，就会把成就归功于自己。当男孩这么做的时候，集体中的其他成员就会对男孩感到非常不满。聪明的男孩不管做出了怎样的成就，都会把这份成就归功于集体，这样集体的力量才会越来越强。

小贴士

合作是每个人走向成功的必经之路，对于男孩而言也是如此。从现在开始，男孩就要培养自己的合作意识和团队精神，这样才能与团队一起收获成功。

4

爱情与友情，火眼金睛辨识清

爱情是人类最美好的情感之一，也是人类永恒的主题。爱情是非常甜蜜且浪漫美好的，但是青春期的爱情并非如此。如果说成人的爱情是已经完全成熟的苹果，会散发出诱人的香味，那么青春期的爱情则是还没有成熟的青苹果，不但苦涩，而且会让品尝它的人龇牙咧嘴。对于爱情，男孩一定要把握好分寸，与其在错误的时间里勉强品味爱情，不如等到成熟的时候再去品尝爱情的甜蜜，这才是最明智的选择。

别把好感当爱情

小故事

帅帅和娜娜是高中生，正在就读高二。高二文理分班的时候，他们原本互不熟悉，却因为分班而成为了文科班的同桌。帅帅不仅长得又高又帅，而且声音低沉且有磁性。最重要的是，帅帅的学习成绩还特别好。在学校里不管有什么需要出头露面的事情，帅帅总是一马当先，所以很多女生都喜欢帅帅。

娜娜幸运地与帅帅成为了同桌，她感到非常骄傲，所以主动和帅帅说话，想要与帅帅成为好朋友。有的时候，妈妈做了好吃的，娜娜还会特意带一份给帅帅。渐渐地，"高冷"的帅帅被娜娜的好意感动了，对娜娜也投之以桃报之以李。

原本，帅帅还梦想着能够与娜娜一起同桌到高三毕业，甚至一起考上理想的大学呢。但是没想到，帅帅才与娜娜同桌了一个多月，老师就因为后排的同学反映娜娜太高，挡住了她的视线，所以把娜娜调到了班级后排。这让帅帅感到非常伤心。

刚开始，帅帅只是为此而感到遗憾，后来，他变得根本不能集中注意力上课。每当下课的时候，他就会情不自禁地凑到娜娜的座位旁，和娜娜聊天。在上课的时候，他也常常回头盯着娜娜出神。最糟糕的是，帅帅对娜娜现在的同桌怀有强烈的嫉妒心理，总觉得对方是在有意地追求娜娜，还曾私底下询问过对方是不是喜欢娜娜。这样的情感让帅帅心神涣散，学习成绩一落千丈。

分析

帅帅显然误会了娜娜对他的情感。娜娜是一个非常优秀善良的女孩,所以在面对自己的同桌时,她总会表达出好感,但是帅帅却把娜娜的好感当成了对自己的关注,甚至误以为这是娜娜对自己的爱情。娜娜对帅帅友善的表现,影响了帅帅对娜娜的判断,使帅帅对娜娜产生了不该有的感情。

青春期,很多男孩都会误解女孩对自己的情感。他们误以为女孩对自己有好感就是喜欢自己,实际上和男孩相比,女孩的身心成熟得更早,所以她们在人际相处方面是更加礼貌和周到的。作为男孩,只有理性地区分友情与爱情,才能顺利平稳地度过青春期。从本质上而言,友情与爱情有根本性的区别。

例如,友情既可在异性之间产生,也可在同性之间产生,而爱情在一般情况下只是属于异性之间的热烈情感。同学之间拥有深厚的友情,在相处的过程中就能够互相理解,互相包容,互相支持,而爱情则具有排他性,让人产生强烈的占有欲,想要独占某一个人。友情是开放的,关系好的同学会吸纳更多的同学加入其中,发展友谊,而爱情则是封闭的,相爱的两个人不希望有人分享他们的爱情。所以男孩只有了解清楚这些特点,才能更好地审视自己的感情。

解决方案

在青春期,男孩因为体内会分泌出大量生长激素,所以在成长的过程中会出现很多的心理冲动和情感萌动。在这样的情况下,男孩要注意以下几点,才能让自己与异性同学之间的感情保持在友情的范围内,而不会因为一不留神就让友情过界,并因此陷入烦恼之中。

首先,明确与异性交往的界限。青春期的男孩原本就很容易冲动,他们在感情的驱使下会身不由己地做一些出格的事情。要想避免这种情况，男孩一定要事先明确自己与异性交往的界限。例如，当对方向自己表示好感的时候，要学会委婉而又明确地拒绝对方；当对异性产生好感的时候，要学会控制自己的情感，把握自己的行为，而不要给对方释放错误的信号，造成对方的误解。

其次，与异性交往要讲究礼仪。很多男孩在与异性交往的时候，不知不觉间就把异性当成了同性的哥们儿，或者做出一些出格的举动，或者说出一些过激的话。在这种情况下，会给自己的人际交往带来很大的困扰。所以男孩要时刻牢记非礼不往，尤其是在与异性相处时，更要讲究礼仪，这样才能避免自己和对方尴尬。

最后，与异性交往要端正交往的动机。其实，男孩经常与异性交往是很有好处的，这是因为男性与女性之间有一定的互补作用，各自有各自的优点和长处。如果男孩本身的性格是比较冲动易怒的，那么在与温柔的女孩交往时就能够中和自己的性格，让自己渐渐地沉稳下来。当然，这么做的前提是要与很多异性交往，而不要与某一个异性交往过于密切。

在与异性交往的过程中，男孩还可以在学习上与她们取长补短。例如，有些男孩擅长理科的学习，有些女孩擅长文科的学习，那么双方在交往时就可以互相督促，共同进步。总而言之，与异性交往要端正动机，不忘初心，时刻坚持交往的界限，把握交往的原则，这样才能让交往起到更好的作用和效果。

小贴士

对于人类而言，爱情与友情都是弥足珍贵的，都是值得我们去珍视的美好情感。对正处于青春期的男孩来说，常常会把友情与爱情混为一谈。如果男孩不能正确地对待友情，把握好爱情的分寸，那么他们在学习和生活中就会面临很多困扰。所以，一定要学会区分友情与爱情，这样才能让自己更理性地面对情感。

与异性同学交往要把握分寸

> **小故事**

皮皮的爸爸妈妈都是商人,为了经营生意,他们常常去外地出差,而且每次出差都要在外面待上很长一段时间。这样一来,家里就只剩下皮皮自己。虽然皮皮已经12岁了,具有一定的自理能力,但是爸爸妈妈还是担心皮皮的安全。思来想去,他们决定把皮皮送到寄宿学校,这样皮皮就可以在学校里开心地学习和生活,爸爸妈妈也就可以安心地经营生意了。

虽然皮皮已经读初一了,但他还是很想与爸爸妈妈有更多的时间相处。他的内心缺乏家庭的温暖,也感受不到家人的关爱。每到周末,大多数同学都会和父母一起回家,唯独皮皮形只影单地留在学校里。日久天长,他不由得感到内心空虚,就更想亲近身边的女孩。

他很想与某一个女生谈一场恋爱,这样就可以不再思念父母,只要与心爱的女孩在一起就会感到满足。经过一番观察,皮皮发现嫣然长得非常漂亮,因而他主动对嫣然展开了攻势。皮皮有很多生活费,这是因为爸爸妈妈不经常回家,担心皮皮没钱用,所以他们会一次性给皮皮很多钱。皮皮在锁定了嫣然作为追求目标之后,经常为嫣然买零食,买化妆品,买衣服等。在皮皮的强烈攻势之下,嫣然缴械投降,很快就成了皮皮的女朋友。

一次,嫣然和皮皮吵了架,没想到的是,皮皮对此非常不满,甚至还威胁嫣然,要把与嫣然的聊天记录发到班级群里。无奈之下,嫣然只好把这件事情告诉了父母。父母非常重视这件事情，当即联系了老师，通知了学校。学校和老师找来嫣然与皮皮的父母，当面把这件事情说清楚。父母这才知道皮皮在学校里做了这么多荒唐事。这件事情给皮皮带来了很恶劣的影响，也影响了嫣然在班级里的声誉。后来，他们只得双双转学了。

分析

对很多青春期的男孩而言，爱情是浪漫的。在进入青春期之后，他们的情绪和情感都会产生波动，对异性也从敬而远之到充满好奇。在这样的情况下，萌生出爱情也是情理之中的，但是男孩却不应该受到爱情冲动的驱使，与女孩盲目地恋爱。

男孩与异性同学交往一旦不能把握分寸，做出了出格的举动，不但会给对方的身心带来严重的伤害，也会使自己陷入感情的泥沼中无法自拔。毕竟青春期的男孩心智还不够成熟，无法理性地控制自己的感情。在这种情况下，哪怕喜欢一个女孩，也不要直白地向对方说出来，哪怕很想与女孩亲近，也要与对方保持适度的距离，否则冲动的火焰就会灼伤自己与心爱的女孩，这样的结果显然是非常糟糕的，也是大家都不愿意看到的。

解决方案

具体来说，为了把握与女孩交往的分寸，男孩应该做到以下几点。

首先，在与女生交往的时候，男孩的行为举止都要非常得体。很多男孩看到女生会感到害羞，紧张到说不出话来；有些男孩会刻意地在女生面前显摆自己，想要吸引女生。其实，这都是完全没有必要的。男孩应该坚持做自己想做的事情，做自己应该做的事情，才能绽放出独特的魅力，吸引女生注意。

其次，不要单独与某个女生相处。作为男孩，不要与某个女生走得特别近，而是应该与很多女生都保持着正常交往，这样男孩就不容易对其中的某个女生产生异样的情感。尤其是不要与异性单独相处，在必须单独相处的时候，可以邀请其他同学参与，这样就会避免尴尬和麻烦。

再次，为了拓宽自己的人际交往范围，让自己拥有更多的朋友，男孩应该多多参加集体活动。在参加集体活动的过程中，男孩既可以结交很多同性朋友，也可以更多地接触异性朋友，结交异性朋友。在拓宽了人际交往范围后，男孩就能够更好地处理与异性交往的问题。

最后，与异性交往要有分寸，留有余地。很多男孩的性格都非常直率，他们在对待异性朋友的时候往往会心无隔阂，与异性朋友之间亲密相处，这样就会使得双方的心里都像揣了一只小鹿一样怦怦乱跳。相处时尤其要避免与异性进行身体上的接触，这样才能把握好交往的分寸。

虽然做到上述这四点，男孩就能够更好地与异性相处，避免与异性之间产生很多问题，但这些并不是完全有效的。毕竟男孩在学校里每天都与异性相处，又因为身体发育到青春期阶段，所以男孩对于异性产生好感也是正常的。在需要帮助的时候，男孩还要及时向父母求助，这样才能得到理性的建议和帮助。

面对异性,切勿轻佻

> **小故事**
>
> 淘淘12岁了,正在读初一,他是一个非常外向开朗的男孩。每次遇到自己喜欢的女孩,淘淘就会直接告诉对方"我喜欢你";每当走在校园里看到漂亮的女孩时,他也会毫不犹豫地夸赞对方"你长得可真漂亮"。虽然淘淘说的话都是诚心诚意发自内心的,但是他这样的表达方式却给对方带来了很大的困扰。有的时候,淘淘这样直接上前去表白,周围的人会哄然大笑,被表白的对象则会面红耳赤。
>
> 作为淘淘的好朋友,豆豆已经数次提醒过淘淘,不要总是对女孩如此直接。淘淘不以为然地说:"爱美之心人皆有之!看到美丽的女孩,我为什么不能夸赞对方呢?如果我喜欢对方,我为什么不能够表达我的心意呢?毕竟我喜欢对方是我的事情,跟对方是没有关系的。"豆豆想了想,对淘淘说:"既然你喜欢对方跟人家没有关系,那么你就应该把这份喜欢藏在心里。你这样说出来,人家很有可能不欢迎呢。"虽然豆豆苦口婆心地劝说淘淘,但是淘淘丝毫没有收敛自己,反而更加肆无忌惮地表达自己的情感。
>
> 淘淘很喜欢和女孩交往,还有几个女同学是他的好朋友呢!与女孩相处时,他不但言语表达直接,而且行为上也没有界限。有一天,淘淘和女同学小薇一起去逛街。走在街道上,他们说着开心的话题,谈笑风生。正在这个时候,小薇突然想起了一件事情,赶紧停下来告诉了淘淘。淘淘好像特别惊讶,当即拍了一下小薇的肩膀。小薇当即很生气地质问淘淘:"你拍我干嘛?"淘淘莫名其妙,说:"我不就是拍了你一下吗?"小薇对于淘淘的回应显然不满意,她对淘淘说:"男

女授受不亲,难道你不知道吗?虽然我们是朋友,但你也不能随便拍我,否则以后我就不和你当朋友了。"淘淘认为小薇小题大做,拒绝向小薇道歉。从此之后,他与小薇分道扬镳,再也不是好朋友了。

分析

在这个事例中,淘淘很直白地表达自己对漂亮女生的喜欢,又在与好朋友小薇相处的时候随意拍打小薇,这样一来,他就难免会给人留下轻佻的印象。不管是男孩还是女孩都不要行事轻佻,因为轻佻的行为会给对方带来伤害,也会让自己在对方心目中的形象一落千丈。

所以,在与他人交往时,男孩不仅要注意自己的行为举止,坚持自尊自爱,也要尊重和爱护他人,这样才能与他人健康交往,给他人留下好印象。尤其是在与异性同学交往时,举止更要落落大方,而不要非常轻浮,否则就会让对方对自己敬而远之。有些青春期男孩很喜欢耍酷,他们想通过耍酷来吸引他人的目光,却不知道那些行为是非常荒唐且幼稚的,很容易招致他人的反感。

解决方案

在面对异性的时候,作为男生,尤其要注重自己的言行举止。具体来说,男生要做到以下几点。

第一点,有话要落落大方地说出来,而不要随随便便就贴近女生的耳朵说悄悄话。对于女生而言,同性之间说这样的悄悄话也许是正常的行为,但是这样的行为一旦放在异性之间,就会显得过于亲密,有时还会让对方感觉不自在。人在心理上是有安全距离的,如果男生在未经女生允许的情况下,就和女生靠得过近，那么女生就会感到紧张慌乱，也会因为男生做出这样的举动而刻意疏远男生。

第二点，举止要端庄，不要和异性勾肩搭背。很多男生在与异性相处的时候，不知不觉间就把异性当作了自己的"哥们"。他们会与异性勾肩搭背，或者是与异性追逐打闹。在两小无猜的年纪，男孩与女孩之间有这样纯真的友谊是很正常的，但是一旦进入青春期之后，男女有别，再做出这样超出界限的举动，就是非常不合时宜的。

第三点，正如事例中豆豆所说的，喜欢一个女孩可以藏在心里，而不要总是对对方表白，也不要因为女孩长得漂亮，就当面夸赞女孩。在现实生活中，很多男孩口无遮拦，他们虽然有着爱美之心，却不知道该如何表达自己的心意，也不知道如何约束自己的行为。因此他们才会让他人感到不快，才会被异性敬而远之。

第四点，要努力提升自己的素质与涵养，让自己变得落落大方，举止有礼。很多男孩认为与女生没有界限地追逐打闹就是酷，这完全是对酷的误解。一个真正尊重自己，也尊重女生的男孩，会做出很合时宜的行为，而不会做出那些逾越规矩的行为。

小贴士

总之，只有端庄大气、举止高雅的男孩，才能给他人留下良好的印象，也才能在与异性相处的过程中，给异性留下更好的印象。这样的男孩不管走到哪里都受欢迎，因为他们是真正的绅士。

早恋有刺，想摘慎重

小故事

最近，妈妈发现乐乐每天晚上完成作业的时间都很晚，不是十一点多，就是十二点。总之，乐乐很少在十一点钟之前睡觉。看到乐乐每天早晨起床都顶着一双熊猫眼，哈欠连天的样子，妈妈不由得感到很担心。她私下里与老师沟通，询问最近的作业量是否特别大，老师感到非常惊讶，说："我们的原则就是让孩子在十点半之前完成作业，准时睡觉。毕竟充足的睡眠对孩子来说是很重要的。如果孩子居然要到十一二点才能完成作业，那么建议查找一下原因。其实，乐乐同学平时完成作业的速度还是很快的，他应该不是因为写字慢或者题目不会做而导致完成时间的延迟。是不是有其他原因呢？"在老师的一番提醒下，妈妈这才意识到乐乐有可能在完成作业的过程中分散了注意力，做了其他事情。

这天晚上，趁着落落乐乐不注意，妈妈蹑手蹑脚地走到乐乐的房间门口，猛地推开房门，发现乐乐正拿着手机发信息呢！妈妈总算把乐乐抓了个现行，她当即要求乐乐把手机交给她。经过查看，妈妈不由得怒火中烧。原来，乐乐居然在用手机跟一位女同学发短信，短信的内容也很肉麻。

经过一番慎重的思考，妈妈意识到不能以压制的方式解决乐乐早恋的问题，而必须以正确的方式做好乐乐的思想工作，毕竟乐乐已经长大了，有自己的学习和生活，妈妈总不能一直跟在乐乐身边守着他啊！这么想着，妈妈来到乐乐的房间，准备敞开心扉与乐乐好好地谈一谈。

分析

很多父母都把早恋当成洪水猛兽，一旦发现孩子有早恋的倾向，就会给孩子贴上负面标签，甚至认为孩子的品质有问题。而实际上父母这样的想法是错误的。毫无疑问，早恋是一种非常懵懂而又美好的感情，青春期的孩子正处于身心快速发展的阶段，会有心理和生理上的需求。在这样的情况下，他们情不自禁地开始早恋，也是情有可原的。在这个事例中，妈妈虽然很惊讶地发现乐乐有早恋的苗头，或者已经做出了早恋的行为，但是她能够控制住自己，让自己冷静下来，这是非常明智的做法。

父母没有必要把早恋看得那么严重，而是要认识到孩子对异性产生好感是很正常的现象。唯有这样，父母才能消除愤怒，恢复理性，正确看待孩子的早恋问题，找到有效的解决方法。从某种意义上来说，当孩子开始有早恋的倾向时，恰恰说明孩子长大了，这是一件值得高兴的事情。

那么在针对早恋问题与孩子进行沟通时，父母不要一味地否定和打压孩子，而是应该告诉孩子恋爱是很美好的，只是因为没有发生在正确的时间，所以才会被反对。父母还可以告诉孩子，只有现在努力学习，考上理想的大学，未来才会拥有更美好的爱情。当父母这样对孩子进行引导时，孩子才会愿意接受父母的建议。

解决方案

当然，早恋必然会引起一系列的问题。那么，在面对这些问题时，男孩应该如何处理呢？我们接下来会列举一些问题，进行专项解决。

第一个问题，如果男孩因为早恋受到伤害，父母应该如何处理？男孩又要如何面对自己呢？其实，早恋之所以会对孩子的身心造成伤害，一则是因为早恋的感情是很不稳定的，孩子们往往会随意地开始恋爱，又随意地终止恋爱；二则是因为孩子们在盲目恋爱时，很容易做出冲动的举动，甚至偷尝禁果，结果给自己和对方都造成巨大的身心伤害。

为了让男孩不因为早恋而情绪大起大落，影响学习，也不因为早恋而给女孩造成身体上的伤害，父母应该及早对孩子开展性教育，让孩子知道如何避孕。当然，这并非鼓励孩子发生性行为，而是要告诉孩子基本的生理常识，这样孩子才能更好地保护自己，最好在开始早恋之前就能够控制好自己的感情。喜欢一个人是很正常的现象，是值得开心的，但是有的时候，我们应该把这份喜欢埋藏在自己的心里，这样我们才能够更长久地品味这份喜欢，也才能够以此为动力，激励自己努力上进。

第二个问题，早恋如同昙花一现，很快就会过了甜蜜期。在这种情况下，男孩又应该如何面对呢？心理学家经过研究发现，即使是成年人的热恋，所能维持的时间大概也只有一年。那么，对于青春期懵懂的男孩而言，恋爱的甜蜜期则是更为短暂的。在甜蜜期里，他们对对方充满了好奇，特别想要走进对方的内心世界，了解对方的更多秘密。但是一旦过了甜蜜期，他们就会因为相处中问题频出而进入相看两厌的糟糕状态，使彼此的情绪受到很大的影响，学习也不能做到专心致志。所以在一开始的时候，就把早恋这份懵懂的情感埋藏在心底，偷偷地体会这份情感给我们带来的甜蜜，也许是更为明智的选择。

第三个问题，很多男孩原本学习成绩是非常好的，但却因为早恋分散了时间和精力，导致学业受到影响。每当发生这样的情况时，男孩应该如何处理这个问题呢？男孩应该问自己一些问题，明确自己更看重哪些东西。例如，男孩是否愿意为了早恋而影响学业，影响自己的大好前程呢？男孩是否愿意在还不懂世事的时候，为了喜欢的女孩而放弃在学习上取得良好成绩呢？如果男孩对于这些问题的回答都是否定的，那么他们就应该做出取舍，从而避免因为早恋而影响学业；如果男孩对于这些问题的回答都是肯定的，那么父母就要对男孩进行更深入的教育，让男孩知道人生的价值和意义所在。

总而言之，很少有人能够从早恋到真正恋爱，再到携手一生。大多数早恋都发生在青春期这个很懵懂很无知的阶段里，在这个阶段，不管是男孩还是女孩，对于自己的选择都是不能真正负责任的。所以男孩和女孩要更好地面对自己的内心，知道自己想要怎样的人生，也要更加慎重地审视自己，这样才能理性地对待早恋的懵懂与冲动。

小贴士

此外，男孩和女孩还要学会等待。一朵花一定要到花期才会绽放，男孩与女孩的爱情就像生命中的花朵，也必须在正确的时间才能绽放得更加美丽。如果开得太早，花朵就会因为不够艳丽，而无人欣赏；如果开得太晚，花朵就会很快凋落，而使人感到孤独寂寞。只有在恰到好处的时间里遇到那个恰到好处的人，男孩与女孩才能够轰轰烈烈地谈一场恋爱，才能够全身心地沉浸在爱情中，提升和完善自己，这是多么美好的事情啊！

■ 失恋了怎么办

小故事

自从向英语老师表达爱慕之情被拒绝之后，小杰在英语学习方面就陷入了很大的困境。一是在上课的时候，他常常看着老师走神。二是在下课的时候，他因为被老师拒绝而感到心灰意冷。毫无疑问，小杰虽然只是对英语老师进行了单相思，但是他却因为英语老师的拒绝而失恋了。得知真实的原因之后，父母对小杰进行了引导和帮助。

爸爸对小杰说："小杰，爱美之心，人皆有之。作为男性，看到美丽漂亮的女性自然会有心动的感觉，就像爸爸走在大街上，看到那些非常惊艳的女性，也会情不自禁地多看两眼。但是我们只能默默欣赏，不能盲目地追求人家，因为我已经有了自己的妻子，有了自己的家庭。而且每个人都有自己的责任和义务，现在我的责任和义务就是照顾好你和妈妈，为咱们这个家全力贡献。那么，你的责任和义务是什么呢？"

小杰沉思片刻，说："我的责任和义务是好好学习，努力成长。"爸爸赞许地对小杰点点头，说："看来，你对自己的定位非常准确。其实严格来说，你这不算是失恋，因为英语老师并不知道你喜欢她，也没有接受你的喜欢，所以你顶多算是暗恋失败而已。但是你想想，你以前就暗暗地喜欢老师，你以后还可以继续喜欢。喜欢一个老师，就会喜欢上她的课，而这门课的成绩也会跟着提升。从这个角度来说，喜欢老师其实是一件双赢的好事情，非但不会影响你的学习，反而会使你的学习更上一层楼呢！"

听了爸爸的话，小杰忍不住瞪大眼睛看着爸爸，问爸爸："爸爸，你真的是这么想的吗？"爸爸笑起来，说："既然你并没有失去什么，又为何感到伤心难过呢？你完全可以和之前一样呀！"

小杰恍然大悟。这个时候，爸爸又说："其实呀，你是因为接触的女性比较少，所以才会觉得英语老师是最好的。在这个世界上，有很多优秀的女性，例如，你身边的同学中就有很多优秀的女孩，又如，你们学校的其他老师中，也不乏优秀者。爸爸建议你可以多多地和女生交往，也可以和其他老师搞好关系，这样你的注意力就会被分散，也就不会把这件事情看得至关重要了。例如，你不是体质有点弱吗，那么你可以多和体育老师交流，和体育老师一起跑步，让体育老师帮助你提升身体素质、锻炼体能，这都是非常好的选择。正如伟大领袖毛泽东所说的,身体是革命的本钱呀!"

爸爸除了从各个方面开导小杰之外,还为小杰安排了丰富精彩的业余生活。以往,小杰每到周末就会和同学们在一起玩游戏。而现在,爸爸常常拉着小杰出去郊游爬山,还会邀请其他人一起进行户外活动。在这样充实的生活中,小杰的心思渐渐地分散了,他不再只想着年轻漂亮的英语老师,而是想着更多有意思的活动。他最近爱上了长跑,在经常请教体育老师之后,感受到了跑步给自己带来的巨大变化,他成了一名跑步的热爱者。

分析

曾经有人说,失恋就像是得了一场重感冒,一旦失恋了,就会感到自己头昏脑涨,做任何事情都提不起兴致来。其实,恋爱并不是人生的全部,人活着的价值和意义也不仅仅在于爱情。想明白这一点,我们就不会把爱情视为人生的全部,也就不会认为爱情是不可取代的。当然,对故事中的小杰而言,正如爸爸所说的,他在严格意义上来说并不是失恋,只是暗恋表白失败而已,所以他并没有失去什么。

解决方案

很多青春期男孩都会面临失恋的困扰。在失恋的时候,男孩一则要端正心态,知道自己应该做什么;二则要以合适的方式发泄负面情绪;三则要充实和精彩地度过自己的人生,让自己有更多的事情可以做。这样男孩才能尽快地从失恋的痛苦中摆脱出来,也才能充满希望、充满信心地面对未来的生活。

具体来说,男孩应该坚持做好以下事情。

第一点，坚持运动，消耗体力。青春期男孩通常有着精力过剩的现象，又因为他们成长过程中激素的作用，他们会经常表现出冲动的倾向。在这种情况下，如果男孩能够坚持运动，消耗自己的体力，让自己感到精疲力竭，那么晚上就会睡得更加香甜，也不会因为胡思乱想而陷入失眠的糟糕状态之中。

第二点，结识更多的人。谁说认识一个异性就要与她恋爱呢？如果男孩认识很多异性，那么他渐渐地就能够学会与异性相处，把异性当成朋友。当男孩能够坦然面对异性时，他们在恋爱的道路上就会少走很多弯路。

第三点，努力提升自己。花若盛开，蝴蝶自来；你若盛开，清风自来。有些男孩缺乏自信心，他们常常觉得自己配不上优秀的女孩，也因此而自惭形秽。在这种情况下，男孩如何能够追求到那些优秀的女孩呢？父母要引导男孩认识一个道理，那就是男孩自己必须足够优秀，才能吸引女孩的关注。当然，这里所说的优秀并非仅仅指学习成绩好，而是指男孩能够全面发展。只有这样，才能吸引女孩的目光。

第四点，学会宣泄负面情绪。很多男孩在失恋之后陷入负面情绪之中无法自拔，导致负面情绪郁积于心。如果心中装满了负面情绪，那么男孩的心就无法容纳积极的情绪。每当这时，男孩自然会感到非常痛苦和煎熬。所以男孩应该以合理的方式宣泄负面情绪，例如，可以多多读书，坚持唱歌，进行户外运动等。这些方式对于帮助男孩恢复情绪，都有显著的效果。

小贴士

总而言之，失恋只是人生中的一件小事情。人生是一个线性的过程，既没有回头路可走，也没有人能够预知终点在哪里。既然如此，我们何不好好珍惜宝贵的生命时光，尤其是珍惜宝贵的青春时光。哪怕失恋了，也要始终心怀希望，满怀信心，相信爱情终究会降临到我们的身上。当然，如果男孩正处于青春期，爱一个人原本就是不合时宜的，那么男孩借此机会调整好自己，让自己能够静下心来投入学习，未来才能在对的时间里遇到对的人。不管是真正的失恋，还是表白被拒绝，这恰恰是男孩自我调整的绝佳时机。

如何处理异性的情书

小故事

放学回到家里，瑞瑞拿出书本，正准备做作业。突然，从书中掉出来一封信。瑞瑞感到非常惊讶，当即想道：这封信是怎么到了我的书包里的呢？难道有人放错了吗？我从来没有收到过信呀！想到这里，瑞瑞从地上捡起信，仔细地看了起来，他发现信封上只写着刘瑞收。瑞瑞的心突然"怦怦怦"地跳了起来，他胡思乱想道：是不是有人喜欢我，所以给我写情书了呢？还是有人嫉妒我，给我下战书，想要跟我决斗呢？瑞瑞的手微微有些颤抖，他坐在书桌旁的椅子上，平静了片刻，不再惊慌失措。

瑞瑞打开这封信，从里面拿出了一张卡纸。卡纸上写着娟秀的字体，瑞瑞一眼就认出这是班级里学习最好的女孩——小娟的字。看到这个字迹，瑞瑞的心跳又开始加速了。他的眼睛有些花，模模糊糊地看到这卡纸上写着小娟对他表白的话。原来，小娟说她早就喜欢瑞瑞了，只是因为不知道瑞瑞是否喜欢她，所以不敢向瑞瑞表白。现在，她认为自己一定要把喜欢说出来，否则就有可能错过瑞瑞。

瑞瑞的脑海中浮现出小娟俊美的模样。小娟是一个非常温柔的女孩，班级里有很多男孩都喜欢小娟，可小娟为何喜欢自己呢？瑞瑞感觉自己好像中了彩票，但是他转念一想：我们现在正在读初二，如果现在开始早恋，只怕考不上重点高中了，考不上重点高中，我就考不上好的大学，将来毕业了就找不到好工作，会辛苦一辈子的。瑞瑞的脑海中不停地回响着父母对他的叮咛，因而想到自己必须拒绝小娟。虽然他对小娟也很有好感，但是他知道早恋的头是不能随便开的。

整个晚上，瑞瑞写作业时都心不在焉。他一方面想拒绝小娟，一方面又不知道如何拒绝。思来想去，他始终没有想出好方法。这个时候，妈妈下夜班回家了。瑞瑞对妈妈说："妈妈，有个女生写信向我告白。我想拒绝她，但是我又不知道应该如何拒绝。"说着，瑞瑞还把小娟的信拿给妈妈看。看到瑞瑞对待女生的示好如此理性，妈妈感到非常欣慰，她当即夸赞瑞瑞："瑞瑞，你长大了，能够独立地思考，做出正确的决定。妈妈给你点赞！对于女孩示好的信，我们一定要慎重处理。首先，不能把这件事公之于众，否则会伤害女孩的颜面。其次，拒绝一定要表达清楚，不要使女孩产生误解，让女孩对此心怀希望。最后，拒绝的方式要适宜，可以给女孩回信，也可以趁着没人的时候向女孩表示拒绝。不过，妈妈建议你还是以写信的方式拒绝，因为这样彼此都不会那么尴尬。"

瑞瑞点头说："这三点我都记住了。但是，我具体应该怎么说呢？我不知道应该如何表达，才能让她不受伤害，也不至于憎恨我。"妈妈对瑞瑞说："其实，拒绝很容易啊，你只要告诉对方，我们现在正在读初二，要努力学习，争取考上重点高中。你还可以与对方约定将来在大学相见。你可以说，我想考清华大学，你也加油吧。"听到妈妈的话，瑞瑞忍不住为妈妈鼓起掌来，说："妈妈，你说得真好。这样既表明了我拒绝的意思，又给了女孩足够的颜面。如果我们真的能够在清华大学相见，你会允许我们谈恋爱吗？"妈妈毫不迟疑地点点头，

> 说："当然，如果你们双双考进了清华大学，我和小娟的父母都会盼着你们谈恋爱呢！"瑞瑞开心地笑了起来，说："被父母祝福的恋爱，感觉一定很好！"妈妈对瑞瑞说："那你就加油吧，也鼓励小娟加油，好不好？"瑞瑞重重地点点头。

分析

青春期的男孩和女孩很容易对异性产生好感。每当这个时候，有一些男孩和女孩不好意思把对对方的喜欢说出口，就会选择隐藏在心里。有一些男孩和女孩性格比较外向奔放，就会主动地向对方表达好感。在这种情况下，他们就可能会做出一些过激的举动。例如，在这个事例中，小娟就给瑞瑞写了示好的信。瑞瑞收到这封信之后进行了理性的思考，也做出了正确的决定，再加上有妈妈帮助他，所以他才能够以相约一起考清华大学这个借口委婉而又明确地拒绝小娟。

妈妈说得非常正确，即在拒绝异性的示好时，一定不要伤害异性的颜面，要采取恰当的方式，清楚地表达自己的拒绝之意，这样才能起到预期的效果。然而有些男孩在接到异性示好的信时，马上会高调宣扬，还会不讲究方法地拒绝对方，这会使异性感到颜面全无。毫无疑问，这些举动都会让异性深受伤害。显而易见，这样的结果是我们不想看到的。

在拒绝异性的时候，既可以写信，也可以直接用语言表达。如今，通信的技术越来越先进，通信的手段也越来越多，所以我们还可以采取发微信、发短信、发QQ信息等方式拒绝异性，这都是更容易让双方接受的方式。

总而言之，喜欢一个人是每个人自己的事情。即使异性喜欢我们，我们也没有必要强行要求对方终止对我们的喜欢。正确的做法是尊重他人对我们的喜爱，感谢他人对我们的欣赏，同时也要明确地拒绝他人，告诉对方我们应该以学习为重，应该努力坚持成长，这样才能够成为志同道合的朋友。

5

男人哭吧哭吧不是罪，学会疏导和宣泄负面情绪

在情绪萌动的青春期，男孩很容易因为各种事情而导致情绪波动，产生负面情绪。在这种情况下，有些男孩认为自己是男子汉，所以把负面情绪压抑在心里，不愿意表露出来；有些男孩则学会了疏导和宣泄负面情绪，从而更好地保持了情绪的平静愉悦。作为男孩，千万不要认为男子汉没有哭泣的权利，而是要像刘德华所唱的那首歌一样，告诉自己：男人哭吧不是罪。只要哭得有理由，只要哭能帮助我们宣泄情绪，又何乐而不为呢？

苦难，是人生最好的学校

> **小故事**
>
> 童年时期，高尔基受尽了苦难，饱尝了辛酸。在高尔基很小的时候，他的父亲就去世了。不得已，母亲带着高尔基回到了外祖父家。从此，高尔基在外祖父家里过着寄人篱下的生活。外祖父的家庭是典型的小市民家庭，外祖父性格残暴，贪婪成性。他虽然有一家大型染坊，根本不缺钱，但是依然很吝啬。在染坊里，大人们如同魔术师一样，给布料染上颜色。看到眼前的情形，初来乍到的高尔基惊奇不已。
>
> 他发现，只要把黄色的布浸泡在黑色的水里，布就会变成深蓝色；只要把灰色的布放在棕红色的染料里涮来涮去，灰色的布料就会摇身一变，成为好看的樱桃红色。高尔基觉得这一切都太有趣了，因而很想亲自试一试。在小表哥萨沙的挑唆下，高尔基决定用最容易着色的白色布料做实验。他从柜子里拿出每逢盛大节日才用的白桌布，很容易地就把白桌布染成了蓝色。
>
> 外祖父家里还有一个规矩，那就是在每个星期六晚祷告之前，用浸透了水的树枝惩罚那些有过错的孩子。萨沙看到高尔基真的把白色的桌布染成了蓝色，当即把这件事情告诉了外祖父。外祖父勃然大怒，这是小小年纪的高尔基第一次挨打。
>
> 尽管外祖母拼命保护高尔基，外祖父却依然把高尔基揍得皮开肉绽，浑身伤痕累累。不把高尔基打得彻底失去知觉，外祖父坚决不愿停手。因为这次挨揍，高尔基卧病在床很长时间，此后，他的心思越

> 来越敏感细腻，越来越成熟。他也意识到自己生存的境况，发自内心感到屈辱。

分析

常言道，吃得苦中苦，方为人上人。对于高尔基而言，如果他不曾在幼年时期失去爱他的父亲，不曾在童年时期跟随外祖父一起生活，他的内心就不会变得那么敏感不安，感情也就不会那么灼热和强烈。很有可能，他压根写不出来那么多深刻的作品。

现实生活中，很多男孩不是吃苦太多，而是吃苦太少。他们大多数都是家里的独生子，从小就在衣食无忧的环境中成长，对于他们各种各样的愿望，父母都会无条件地满足。很多父母还竭尽全力地为孩子提供最好的条件，因为孩子们很少有机会吃苦，所以容易缺乏感恩之心。如果没有苦，也就无所谓甜。如果孩子从小就不吃苦，那么他们就不知道什么才是真正的甜。如果孩子从来没有感受过生活的艰难，他们也就无法体味幸福的真谛。所以，作为现代的父母，不要过于娇纵和宠溺孩子，而是要让男孩有更多的机会去吃苦，有更多的机会去拼尽全力实现自己的目标，这样他们才能感受到甜，也才能够感受到愿望实现的幸福与满足。

解决方案

面对苦难，太多男孩充满了抱怨。其实，他们所谓的苦难，只是生活中小小的不如意而已，与真正的苦难有着天壤之别。但即便如此，他们也感到无力承受。在这时，父母一定要给予男孩更多的引导和帮助。具体来说，男孩要想吃苦，要想快速地成长起来，就要做到以下几点。

第一点，坚持自己的事情自己做。吃苦的前提是要有能力去做一些事情，如果父母总是对孩子包办所有的事情，从不给孩子任何机会去锻炼和提升自己的能力，那么孩子就不知道自己能够做到什么，不能做到什么。在这种情况下，他们当然会变得越来越软弱。

第二点，为孩子设立比他们的能力所及更高一些的目标。有些父母对孩子怀有特别殷切的期望，希望孩子将来出人头地。当目标过于远大的时候，孩子即使拼尽全力也不能达到目标，渐渐地就会选择放弃。如果目标设立得太小，孩子不需要努力就能实现目标，他们又会感到轻而易举，因而无法激发出他们的潜能。从这个意义上来说，只有为孩子设立需要他们努力拼搏才能实现的目标，孩子的能力才会不断提高。

第三点，在孩子摔倒的时候，让孩子自己爬起来。这句话有双重含义。一则是现实的意义，就是当孩子摔倒的时候，父母不要急于上前去扶，而是要让孩子自己努力爬起来，拍拍身上的泥土，继续前行。第二种含义是形而上的含义，也就是说孩子在人生的道路上难免会遇到各种坎坷挫折，父母即使再爱孩子，也不可能保护和庇佑孩子一辈子。最重要的是要让孩子越挫越勇，能够踩着失败的阶梯前进。

第四点，教会孩子勇敢承担。如今，太多孩子都缺乏责任感，面对自己所犯的错误，他们既不敢承认错误，也不敢承担责任。在这种情况下，他们当然会越来越畏缩和胆怯。实际上，对于孩子而言，即使承担责任需要付出很大代价，那也是孩子应该且必须去做的事情。因此，父母在看到孩子为了承担责任而努力的时候，不要过于心疼孩子，而是要给予孩子帮助与支持。在此过程中，孩子会对于自己的所作所为有更深刻的认知，对于自己应该如何做出决定也有明智的判断。

■ 男孩也需要倾诉

小故事

这天放学回到家里，徐宇郁郁寡欢，闷闷不乐，沉默寡言。看到徐宇的表现与平日里欢天喜地地回家，喋喋不休地说话截然不同，妈妈感到非常担心。妈妈当即问徐宇："小宇，今天在学校里发生什么事情了，过得开心吗？"徐宇抬头看了看妈妈，漠然地说："没什么事情。"说完，徐宇就回到自己的房间里，并且关上了门。

看到这个自从升入初中之后就与自己说话越来越少的孩子，妈妈不由得更加忐忑：如果孩子在学校里发生了什么自己不知道的事情，又因为幼稚和冲动而做出了过激的举动，导致了不可挽回的后果，那该怎么办呢？妈妈思来想去，想起了一些有关校园暴力的电影，很担心徐宇在校园里遭受校园暴力，回到家里不敢告诉父母，最终做出错误的举动。这么想着，妈妈决定吃完晚饭之后要好好地问问徐宇。

爸爸下班回家，一家三口安静地吃了一顿晚餐。就餐时，死气沉沉的，没有一个人说话，和往日里谈笑风生的就餐情景截然不同。吃完晚饭之后，爸爸打着手势问妈妈徐宇到底怎么了，妈妈做了一个制止爸爸的手势，让爸爸不要多问。

等到洗漱完之后，妈妈走进徐宇的房间，坐在徐宇的身旁，问："小宇，今天到底发生什么事情了？妈妈看你的情绪有点低落啊。"看到妈妈如此耐心细致，徐宇再也不想对妈妈保持沉默了。他想了想，对妈妈说："您别问了，我自己能处理好。"这个时候，妈妈把她的担忧告诉了徐宇："虽然你已经长大了，长得比妈妈还高，但你毕竟只有 14 岁，还是个孩子呢！你觉得自己有能力处理好很多事情，却不知道有些行为一旦做出，后果就是不可挽回的。妈妈不知道你正面对着什么，也不知道是什么让你这么不开心，但是妈妈知道一点，那就是我和爸爸永远都最爱你，永远都会支持你。我想，你可以把你的困惑告诉我们，我们会竭尽全力地帮助你。即使你遇到了困难，我们也会不离不弃地守候在你的身边。"听到妈妈的话，徐宇感动不已，他的眼眶微微红了。沉默良久，他对妈妈说："我这次的考试成绩不好。我本来想着我没有好好复习，想以作弊的方式渡过这次难关，接下来就认真学习，没想到却被老师抓住了。结果，我原本能考 60 多分，却因为作弊被判了零分。"说着，徐宇把自己的试卷拿给了妈妈看。

妈妈恍然大悟，原来，这个孩子做出了这样的傻事。她没有责怪徐宇，而是问徐宇："那么，学校是怎么处分你的呢？"徐宇的脸上明显浮现出怒气，他愤愤不平地说："学校居然让我写检讨，还要对我进行通报批评，这太过分了！"

妈妈看到徐宇情绪激动，继续耐心地引导徐宇："那么，以往学校对于作弊这种行为有没有规定呢？"徐宇回答道："就是通报批评。"妈妈释然，安抚徐宇："既然你知道作弊要被通报批评，你就应该做好这样的心理准备。你的行为是错的，每个人都要为自己的行为负责。妈妈希望你能够正视自己的错误，承担自己的责任，接受这样的后果。这样才是真正的男子汉。如果你能做到这一点，那么即使你一时糊涂，作弊了，爸爸妈妈也不会责怪你的。"

听到妈妈的话，徐宇仿佛吃了定心丸，悬着的心终于放了下来。良久，他对妈妈说："妈妈，我知道我做得不对，但是学校也不用通报批评我吧，一点情面都没留。"妈妈正色告诉徐宇："在学校里，就一定要遵守学校的规章制度。因为学校里有很多老师和同学，如果每件事情都因人而异，那么学校就会因没有规矩而乱成一锅粥，所以我们要理解学校做出这样的处罚。当然,如果你觉得心情不好,也可以向爸爸妈妈倾诉。既然你已经认识到错误,爸爸妈妈就不会因为作弊再批评你,但是我们希望你以后不要再做出这样糊涂的举动。考试是真实能力水平的体现,考得好或者不好,都代表了学习的实际情况,也能够帮助你检验学习的效果。一旦作弊,虽然你得到了一个满意的分数,但无法得知自己学得到底是好还是不好。此外,作弊还涉及到品质问题,所以学校才会这么严肃处理,以儆效尤,你明白了吗?"

徐宇恍然大悟,接连点头。他对妈妈说:"我知道了,作弊虽然没有严重的后果,但是性质是很恶劣的,所以学校一定要坚决制止,那就把我当'鸡'杀给'猴'们看吧。"听到徐宇的话,妈妈忍不住笑起来。她抚摸着徐宇的脑袋说:"我的儿子长大了,虽然你这次考得不好,但是只要下次努力上进,就一定会有所提升。爸爸妈妈都对你有信心!"

分析

很多时候,生活中会发生一些让男孩无法理解的事情。例如,在这个事例中,徐宇认为考试作弊是一件不重要的事情,但是学校对此却坚持原则,严厉处罚,这是为什么呢?是因为徐宇和学校所处的角度不同,考虑问题的思路也不同。徐宇只想到自己作弊未遂,也没有导致严重的后果,但是学校却考虑到如果不能严肃处理徐宇,那么其他同学就会和徐宇一样动起歪心思,想在考试过程中作弊,取得虚假的成绩。这对于整个学校学风的建设,是极其不利的。人们常说,不在其位,不谋其政。在妈妈的引导下,徐宇才能转换角度,以校领导的思维方式去考虑作弊的问题,也就理解了学校对他作出严厉处罚的决定是明智的,是正确的。

解决方案

在青春期，男孩常常会有很多心事，因为不好意思向父母求助，或者是不屑于向父母求助，大多数男孩都把心思隐藏在心里。对于父母来说，当看到男孩的情绪表现得有些异常的时候，一定要及时询问男孩到底发生了什么事情，也要给予男孩更多的温暖和帮助。不要觉得男孩理应扛起所有的困难，实际上男孩的内心也是很脆弱且敏感的。尤其是青春期的男孩，情绪很容易波动，所以他们在情绪冲动的状态下就更可能做出冲动、失控的举动。父母如果能够及时关注到孩子的情绪状态，引导孩子对父母进行倾诉，了解在孩子的身上到底发生了什么事情，那么就可以防患于未然，提前为孩子做好准备，帮助孩子渡过难关。

在男孩倾诉的过程中，父母一定要注意以下几点。

首先，父母不要否定和批评男孩。男孩之所以不愿意和父母倾诉，就是因为他们在向父母袒露心声之后，得到的不是父母的理解和支持，而往往是父母的批评和否定。在这样的情况下，他们渐渐地对父母关闭了心扉，不愿意再与父母沟通。任何教育都应该建立在良好沟通的基础之上和前提之下，所以父母要想保证家庭教育顺畅地进行下去，就要与男孩保持沟通。

其次，在与男孩沟通的过程中，父母要对男孩表示理解和体谅，偶尔也要对男孩表示支持。虽然男孩还小，心理发育不成熟，做出的很多决定都略带稚气，但是这并不意味着男孩始终都是错的。父母要发自内心地尊重和平等对待男孩，要慎重地思考男孩提出的建议或者坚持的观点是否正确。对于男孩而言，他们会因为得到父母这样的对待而产生信心，也会因此而感到非常骄傲和自豪。

再次，在男孩倾诉的过程中，父母要及时给予男孩回应。很多父母因为工作忙碌或者是忙于做家务，在男孩想要倾诉的时候，他们往往会拒绝男孩，让男孩等一会儿再说，或者是一边做着手里的事情，一边漫不经心地听着男孩讲述，这样就无法及时给予男孩回应，使男孩倾诉的积极性大打折扣。明智的父母在男孩需要倾诉的时候，会当即放下手里的一切事情，给予男孩更多的时间，会看着男孩的眼睛，与男孩进行眼神的交流，也会给予男孩一些语气词作为回应，对男孩表示认可和肯定。在此过程中，男孩会谈兴大发，更愿意向父母倾诉。

最后，父母不要辜负男孩的信任。男孩既然愿意敞开心扉对父母进行倾诉，就说明他们是很信任和依赖父母的。在这种情况下，不管男孩说了什么，父母都不要对男孩一票否决，而是要像一个真正的朋友那样包容和接纳男孩。人们常说，关心则乱，太多的父母因为过于关心男孩，所以一旦发现男孩的行为举止不当，就会给男孩施加很大的压力。这样，男孩如何能够从容做好自己呢？所以父母要从亲子关系中跳脱出来，要相信男孩是会做得更好的。在这种情况下，男孩就会有更好的表现。

俗话说，男儿有泪不轻弹，这句话其实是错误的。男孩不但可以流泪，还可以倾诉呢。男孩既可以选择向父母倾诉，也可以选择向同龄人倾诉。但需要注意的是，如果面对的难题急需得到解决，最好选择向父母倾诉。在此过程中，男孩才可以得到父母的帮助。如果遇到棘手的问题，却选择向同龄人倾诉，那么由于同龄人和男孩一样缺乏人生经验，也很冲动，就很有可能会给男孩错误的建议。在这种情况下，结果当然会变得更糟糕。

如果男孩既不愿意跟父母倾诉，也不愿意向同龄人倾诉，那么还有一种方式就是写日记或者写作文。很多男孩都没有写日记的好习惯，实际上，日记就像我们的一个亲密好友，我们可以把很多事情都写在日记本上。这样，这些日记就会陪伴我们度过成长的时光。

小贴士

总之，不管男孩选择向父母和老师，或者是向同学倾诉，还是选择把自己的心事写在日记本上，他们都需要一个宣泄的渠道，一个抒发心灵的场地。这个场地既可以是有形的，也可以是无形的。如今，通信技术越来越先进，男孩也可以开辟属于自己的网络空间，分享自己的感受和日常生活，这都是很好的选择。在倾诉的过程中，我们要做好心理准备，接受他人对我们的支持，也接纳他人对我们的否定和批判，这样我们才能以更明智的态度，吸取那些有益的建议，也以更理性的态度，让自己健康成长。

学会倾听，成为朋友的知心人

小故事

作为班级里的学习委员，亮亮的学习成绩在班里始终名列前茅，因为他不但学习成绩好，还乐于助人，所以同学们都特别喜欢他。当然，亮亮之所以拥有好人缘，还有一个最重要的原因，那就是他很善于倾听。

大多数男孩都很愿意向别人倾诉自己的心事，尤其是在情绪冲动的时候，他们更是不顾别人讲了些什么，只一味地诉说自己的感受。但是亮亮截然不同，每当有同学感到伤心失望或者沮丧的时候，不管对方伤心绝望和沮丧的理由是什么，也不管对方因为思绪凌乱而说得多么颠三倒四，他都能够做到看着对方的眼睛全心投入地倾听。

爱倾听的优点使亮亮拥有了好人缘，班级里大多数同学都愿意与亮亮成为朋友，很多同学一旦有了心事，就会来找亮亮诉说。亮亮爱

> 倾听的优点，不仅对于他结交朋友起到了很大的助力作用，而且对于他在课堂上的表现也加分不少。例如，在课堂上，每当老师提出一个问题的时候，知道答案的同学们都会闹哄哄的，把手举得高高的，有的同学还会迫不及待地喊着"我来！我来！"，但是老师只选择一个同学回答问题。在老师选定这位同学之后，其他同学就会发出沮丧的呜呜声。他们对于这位同学的回答不以为然，认为自己说出的答案更好，所以就失去了倾听的耐心，而是坐在下面议论纷纷，或者讨论一些与学习无关的事情。为了帮助同学们认识到倾听的重要性，老师常常会让表现不好的同学复述答案。但是，这些同学根本没有用心听那位同学的回答，又如何能够把答案复述出来呢？每当这时，老师就会让亮亮站起来复述。亮亮的回答总是让老师和同学们都感到非常惊喜，这是因为亮亮甚至可以一字不差地把同学的回答复述出来。亮亮为何能够做到这一点呢？就是因为他始终在用心倾听。

分　析

很多男孩都没有耐心倾听别人的好习惯，忽略了倾听是人际沟通的开始。人们误以为交流只需要以语言表达为起点，实际上倾听才是交流最好的开始。在倾听他人的时候，我们不但可以听到他人表明自己的意见、观点和态度，也可以表达自身对他人的尊敬。毕竟在他人说话的时候闹哄哄的，不认真听，是不尊重他人的表现。

每个人都有两只耳朵和一张嘴巴，这是因为造物主在造人之初，就知道了倾听的重要性。造物主以这样的安排让人们多听少说，对男孩而言，倾听不但是一种能力，还是对他人的尊重，更是一种素养。

在人际沟通中，很多男孩都希望吸引他人的关注，让自己成为众人的中心，所以他们迫不及待地表现自己，滔滔不绝地侃侃而谈，却忽略了只有倾听才能够赢得他人的尊重和信赖。如果男孩没有养成倾听的好习惯，就应该从现在开始努力做到倾听他人，也要真心地感受他人，这样才能与他人之间建立良好的关系。

解决方案

具体来说，如何才能做到友善地倾听呢？

首先，不要急于表达自己的观点。很多时候，我们在仓促之间想出来的一些回答未必是最优的回答。如果我们能够先倾听他人的回答，博采他人的长处，采纳他人的优点，那么就能够整合出更完美的答案，这样自然能够引人关注。

其次，在倾听的时候要注视着对方的眼睛，要给予对方积极的回应。很多人在倾听的时候漫不经心，他们虽然坐在诉说者的面前，看似在耐心地倾听，实际上早已经神游物外了。因为他们既没有注视对方的眼睛，也没有给予对方积极的回应。有的时候，对方突然问他们一个问题，他们甚至不知道这个问题是什么意思，久而久之，这样的倾听就会惹人反感。

再次，倾听的时候不要随随便便地给他人提出建议。很多男孩总是迫不及待地想要提出自己高明的见解为对方答疑解惑，实际上有些人之所以想要倾诉，并非因为他们不知道如何解决问题，也并非他们想要得到建议，他们只是想通过倾诉的方式消除内心的压力，让自己感到心安。如果对方不需要建议，男孩最好当一个纯粹的倾听者。

最后，倾听是学习的好方式。倾听不但可以表达对他人的尊重，也可以让我们收集到更多的信息。人在一生中始终处于学习的过程中，学习不仅仅局限于在学校里听老师讲课，在课后认真地完成作业，也表现在与他人沟通和交流的过程中，我们可以以倾听的方式搜集信息。

> **小贴士**
>
> 总而言之，学会了倾听的男孩，既能够打开他人的心扉，走入他人的内心，也能够表达对他人的尊敬，赢得他人的信赖，还能够让自己学会更多的知识，了解更多的信息。

■ 接纳负面情绪

小故事

小学阶段，皮皮特别开心快乐，无忧无虑。但是，自从进入初中，皮皮的心思变得越来越重。妈妈几次三番地唠叨皮皮："皮皮，你小时候那么开心，那么喜欢笑，现在为何每天都愁眉苦脸，愁眉不展呢？"听到妈妈的话，皮皮感到非常无奈。他对妈妈说："难道我还要和小时候一样每天都傻乐傻乐的吗？初中生活这么紧张，学习的压力这么大，有什么值得开心的呢？"看到皮皮整日愁眉紧锁的样子，妈妈非常担心，因而妈妈决定用事实告诉皮皮，只有内心积极乐观，才能感受到幸福与快乐；如果总是被负面情绪淹没，那么就会越来越沮丧。

周六，爸爸难得在家休息，趁着一家三口都在家，妈妈拿出了三张白纸，分别给了爸爸一张、皮皮一张，自己还留了一张。妈妈对爸爸和皮皮说："今天，我们全家人要进行一个特别的实验，那就是把令自己不开心的事情写在白纸上，储存起来。"听到妈妈这么说，皮皮感到很惊讶，问妈妈："妈妈，不开心的事应该忘记啊，为何还要写下来并储存起来呢？"妈妈神秘地对皮皮说："你先写，等写完了，你很快就会知道答案了。当务之急就是根据我的要求去写，一定要想清楚所有的忧愁与烦恼，不要落下一点点。"

爸爸也不知道妈妈用意何在，但是他和皮皮都很配合。妈妈很快就把自己的担忧写在白纸上，有八条呢。爸爸的担忧有三条，皮皮的担忧足足有十五条。看到皮皮写了满满的一张，妈妈并没有仔细看白纸上所写的内容，就把白纸收藏了起来，放在了抽屉里。皮皮更加纳闷了，说："让我们费劲地写好了忧愁与烦恼，你却什么事都不做，只是把它放在抽屉里，到底想要做什么呢？这不是在浪费时间吗？"妈妈笑起来，说："好啦，一共也就花了十几分钟，并不会影响你的学习大业。你要耐心等待，等到十天之后，我就会揭晓答案了。"

在这十天里，皮皮时而会问妈妈这么做的用意，但是妈妈每次都笑而不语。皮皮的好奇心被激发起来了，他迫不及待地盼望着十日之期快点过去。十天之后，又是一个晚上，妈妈再次召集全家人开会，并且把全家人的白纸都拿了出来。妈妈说："虽然大家没有在白纸上写名字，但是我知道皮皮写了十五条，我也认识自己的八条，所以我们很容易就能把白纸物归原主。"说着，妈妈把白纸分送给了大家，皮皮和爸爸拿起白纸看了起来。这个时候，爸爸突然惊叫起来，说："哎呀，原来十天前我在为这些事情担忧啊！"

这个时候，皮皮看着白纸上的事项，郁郁寡欢地说："我所担心的事情既没有发生，也没有消失。这可怎么办呢？"这个时候，妈妈问爸爸："那么，你所担忧的事情呢？"爸爸忍不住笑起来，说："我担忧的三件事情一件也没有发生。你呢？"妈妈看了看自己的白纸，说："我担忧八件事情，七件事情都没有发生，只有一件事情发生了，而且和我所担忧的一模一样。"听到妈妈这么说，皮皮惊讶地睁大了眼睛。

这个时候，妈妈转向皮皮说："皮皮，你所担忧的事情呢？"皮皮又重申了一遍："我担忧的事情既没有好转，也没有变坏。"

然后，妈妈一本正经地对皮皮和爸爸说："事实证明，我们的担忧是毫无意义的。即便我们忧心忡忡，那些注定要发生的事情还是会发生，那些注定不会发生的事情依然不会发生。所以我们与其为这些事情担忧，还不如把它们彻底地放下，把一切交给时间。"

皮皮和爸爸恍然大悟，他们忍不住对妈妈竖起了大拇指，说："原来，你是用这种方法告诉我们不要自寻烦恼呀！"全家人都哈哈大笑起来，妈妈趁热打铁地叮嘱皮皮："每个人都应该开开心心的，这样才能享受生活。如果我们每天都愁眉不展，为那些还没有发生的事情而担忧，那么我们的内心就会充满负面情绪。每个人的心都像是一个容器，如果装满了积极乐观的情绪，那么负面情绪就会无处遁形。反之，如果心中充满了负面情绪，那么那些积极乐观的情绪就会逃之夭夭。所以，让我们拥有快乐的心境，好吗？"皮皮重重地对妈妈点点头。

分析

进入青春期之后，男孩的身心都处于快速发展的阶段，他们的身体会分泌一些激素，这使他们的心态和情绪陷入波动的状态。因而，很多男孩会无缘无故地感到非常烦恼，也会为那些还没有发生的事情而担忧。在这个事例中，妈妈对全家人进行了一次实验，以切实有效的方式告诉家人不要为那些还没有发生的事情担忧。在妈妈的启发之下，皮皮学会了如何消除烦恼，也能够更加全力以赴地活在当下，做好当下该做的事情。

解决方案

作为男孩，当发现自己陷入无端的忧愁中时，不要总是肆意放纵自己，继续烦恼下去，而是应该意识到很多事情都有其两面性。一件事情从这个方面来看也许是糟糕的，但从那个方面来看也许是很好的，只有让自己以更好的状态面对这些事情，才能有效地解决问题。毕竟忧愁只会浪费时间，只会赶走我们的快乐，只有真正全力以赴地去做好那些事情，我们才能够更加从容不迫。

在日常生活中，虽然我们常常祝福他人万事如意，事事顺心，但实际上生活总是一地鸡毛的，没有人的生活会是一帆风顺的。在生活中，当遇到各种各样的坎坷与挫折时，男孩要勇敢地面对。尤其是在产生负面情绪的时候，男孩要正视自己的负面情绪，也要积极地应对自己的负面情绪。负面情绪就像洪水一样具有很强大的力量，如果我们能够从中挣脱，那么我们就能够让自己的内心积极乐观；如果我们被负面情绪所淹没，那么我们就会置身于负面情绪的漩涡中，无法脱身。

很多男孩都喜欢阅读人物传记，他们对于历史上那些成功的伟大人物都感到非常敬佩，那么男孩应该知道，这些伟大的人物并非生来就很伟大。在发展自身事业的过程中，他们也会遇到各种艰难坎坷。但是他们没有被挫折与失败打倒，也没有被内心的失望与沮丧纠缠住，而是始终坚强不屈地勇敢向前，从而在人生的道路上走得越来越好。

男孩应该让自己的心淡定安然，不要让心成为放大器，无形中放大那些不好的东西。毕竟那些东西并不是我们非要不可的。人生，也许是漫长的，也许是短暂的，但不管是漫长还是短暂的人生，都可以分为三天，即昨天、今天和明天。与其为昨天发生的事情而忧愁，与其为明天还没有发生的事情而烦恼，不如活在当下，把握好今天。只有让每个今天都变得充实和精彩，让每个今天都摆脱负面情绪的阴云，男孩才能真正地感受到幸福与快乐。

好男儿坚持做自己

小故事

在小学阶段,特特是班级里的佼佼者。然而,进入初中之后,学习压力陡增,学习的难度也越来越大,所以特特对于自己学习方面的表现渐渐失去了信心。他变得越来越畏缩,越来越胆怯,而且很自卑。每当在学习上遇到问题的时候,他总是第一时间去询问爸爸妈妈,或者是向其他同学请教。总而言之,他仿佛对于学习毫无底气,非常忐忑。

特特在小学阶段打下的知识基础还是很牢固的,他对于学习只要用心认真,也掌握正确的方法,那么他的学习成绩就一定不会差。虽然妈妈几次三番地鼓励特特,让他充满信心,但是效果却并不明显。这段时间,学校里正好要举行奥数比赛,老师推荐特特代表班级参赛,对此,特特连连拒绝。看到特特这样的表现,老师很无奈,只好打电话联系了特特妈妈,想让妈妈回家之后多给特特做思想工作。妈妈当然想让特特抓住这个好机会锻炼自己,因此妈妈回到家里第一时间就对特特说:"特特,老师推荐你参加奥数比赛是信任你的能力,你可不要辜负老师的期望呀!"

特特沉默着,过了很久才说:"妈,我担心我不能为班级争得荣誉。"妈妈说:"换作其他同学去参加比赛,也未必能够为班级争得荣誉。而且,老师是最了解你们学习情况的人,对于每个同学的特长与优势,老师都了然于胸。所以你就算不相信自己,也要相信老师,这样老师才能够更加重用你、器重你。"

在妈妈的反复劝说之下,特特终于摆脱了畏缩恐惧的心理,决定代表班级参赛。为了做好比赛的准备，他每天晚上都主动抽出一个小时进行奥数专项训练。他还联系了妈妈为他聘请的在线老师，每当遇到难题的时候，就连线老师进行探讨。经过一个月的准备，特特的奥数水平突飞猛进。后来，他在学校的奥数比赛中脱颖而出，获得了第二名的好成绩，并且得到了代表学校参加区里奥数比赛的资格。看到特特取得了如此辉煌的战绩，老师和妈妈第一时间就向特特表示了祝贺。妈妈还趁热打铁地对特特说："很多事情不尝试一下，怎么能够知道结果呢？我们要做的不是必胜，而是要尽自己的最大努力争取成功。这样一来，即使失败了，也能够从中收获经验和教训，这不是很好的结果吗？"

有了这次成功的经验，特特在代表学校参加区里的比赛时，再也不会忐忑不安了。他坚持做好自己该做的事，每天都进行奥数训练，而且他也摆正了心态，知道自己未必能够取得成功，但只要尽力而为就好。就这样，怀着放松的心态，特特在奥数比赛中反而取得了很好的成绩，也为学校争得了荣誉。从此之后，特特在学习上又找回了信心，获得了很好的成绩。

分　析

很多男孩非常看重他人对自己的评价，有的时候，他们明明想要做一件事情，却因为担心做不好会遭到他人的非议，因而选择了放弃。对于男孩而言，这样的心态是完全没有必要的。俗话说，金无足赤，人无完人。每个男孩都要做好自己该做的事，每个男孩也都要面对自己的成长。在成长的过程中，男孩一定要坚持做好自己，才能保持淡定从容的心境。

在学习上的表现，常常让男孩感到心里紧张。此外，在日常生活与学习中，男孩也很容易与同学进行攀比。实际上，这都是因为男孩有虚荣心，而且怀有不正确的竞争意识。对于男孩而言，他们现在所拥有的物质生活条件都是父母为他们提供的，所以他们不该因自己拥有优渥的生活条件而感到骄傲，也不该因自己拥有不好的物质生活条件而感到自卑。男孩只有通过自身的努力，在学习上获得进步，坚持成长，才是值得自豪的。

青春期中，很多男孩都喜欢争强好胜，他们的自我意识越来越强，但他们也希望能够融入团队之中，获得同龄人的认可，还想多多参与集体生活，为集体争得荣誉。与此同时，由于虚荣心强烈，他们会情不自禁地把自己与他人进行比较，也会把班级里的很多同学进行比较。在这样的情况下，有些男孩就会处于心理失衡的状态，使自己进入成长的误区。

在这个世界上，并没有真正的常胜将军，每个人在成长的道路中都会遭遇各种各样的失败。我们与其羡慕他人获得成功时的璀璨荣耀，不如看看他人在获得成功之前默默付出的努力。男孩一定要坚持以正确的心态面对成长，这样才能积极地与他人相处，也才能勇敢地面对失败，从容地做好自己。对于每个男孩而言，真正的成功不是与他人争高低，而是做好自己。

从本质上而言，每个人都是独立的生命个体，每个人都有自己的所思所想，也有自己的脾气秉性。面对生活，我们与其一味地逃避，不如勇敢地面对。对于男孩来说，盲目地学习他人，即使复制了他人的成功，也不是真正的成功。只要坚持做好自己，哪怕不能获得最大的成功，却活出了自己的精彩，这也是独属于男孩的成功。所以，男孩应该把淡定从容地做好自己作为一生追求和奋斗的目标。

心胸宽广，悦纳自己

> **小故事**

朋朋正在读小学四年级，他有一个特别好的习惯，那就是喜欢阅读。每当有闲暇的时候，其他同学都去操场上疯玩，只有朋朋安安静静地坐在座位上看书。他不但喜欢看书，还喜欢与同样爱看书的同学交朋友，所以在班级里，那些爱看书的同学与朋朋的关系都很好。此外，朋朋还很乐于分享，每当到了周五有自习课的时候，他就会把图书带到学校里和同学们一起看。此外，朋朋不仅热爱阅读，他还特别爱惜书。他看过的书都和新的一样，没有任何污渍和破损，朋朋最烦别人弄坏他的书，这会让他感到非常生气。

这天，朋朋把自己最喜欢看的一本科幻小说带到学校里，借给了好朋友明明。明明很早就想看这本科幻小说了，所以他一拿到书就迫不及待地读了起来。然而，明明在看书的时候正在喝奶茶，他一不小心碰洒了奶茶，奶茶正好倒在书上。看着原本干净洁白的书瞬间被奶茶染成了咖啡色，朋朋特别生气，他要求明明必须赔偿他一本新书。尽管明明已经真诚地向朋朋道歉了，但是朋朋却不依不饶。明明不敢把这件事情告诉自己的父母，因为他害怕父母会批评他。就这样，他只能不断地拖延，想让朋朋原谅他，不再要求他赔偿新书，但是这显然很难。从此之后，朋朋再也不愿意借书给明明看了。

又到了周五，到了阅读时间，朋朋把好几本书借给同学们看，明明也等在一旁，想让朋朋借书给他看。但是朋朋很明确地对明明说："我以后不会再借书给你看了。你上次把我的书弄脏了，只是道了歉，但还没赔偿我。我现在如果再借书给你看，你把书弄坏了，弄脏了，那不都是我的损失吗？"

听到朋朋说话如此不客气，明明不由得着急起来，说："你这个人就是小气，书只是弄脏了而已，又没有弄坏，还是可以看的。你非不依不饶，让我赔你。你这样的人，谁愿意跟你当朋友呀。"看到明明非但不赔偿自己的图书，居然还指责自己，朋朋更加生气了。他推了明明一下，明明也不甘示弱，马上反击，就这样，他们厮打在一起。

同学赶紧跑到办公室里，把这件事情告诉了老师。老师得知了事情的原委之后，语重心长地对朋朋说："朋朋，同学之间、朋友之间要互相帮助。你愿意把图书分享给同学们看，这是好事情。但是你也要更加宽容，虽然明明把你的书弄脏了，但他不是故意的，他也很想赔你的书，只是担心爸爸妈妈知道这件事情之后会批评他，所以才拖延着，迟迟没有赔偿给你。这样吧，老师会帮助明明和他的爸爸妈妈沟通，让他的爸爸妈妈赔你一本新书，好不好？"朋朋点点头，老师又说："既然这样，你是不是就可以跟明明重归于好了呢？是不是可以像对其他朋友那样对待明明，把书借给明明看呢？"朋朋点点头，说："但是，他必须保证不要把书弄脏弄坏，看书的时候不能吃东西。"

这个时候，老师对明明说："明明，弄坏了别人的东西就应该赔偿，而不是因为你觉得东西还可以用，就不用赔偿。朋朋借书给你看是分享的行为，是值得提倡的，那么你看书的时候，一不小心弄脏了书，就应该积极地进行赔偿。老师会帮你跟父母沟通的，好吗？"听到老师的话，明明连声感谢老师。

发生了这件事情之后，朋朋也进行了深刻的反思。他认识到自己借书给同学看，虽然是好事，但是如果因此就与同学动手，那么反而会把好事变成坏事。所以他决定以后要变得更加宽容，不能因为一点小错误就与同学闹矛盾。

分析

朋朋爱书如命，想要保护好自己的书，这是可以理解的。但是把书借给同学看，同学不小心弄脏了书，朋朋就因此与同学绝交，这显然是心胸狭隘的表现。男孩应该有宽广的胸怀，这样才能原谅他人所犯的错误，也才能以德报怨，与他人之间建立良好的关系。

解决方案

人与人相处难免会发生磕磕绊绊，也会发生一些不愉快的事情。男孩与同学们朝夕相处，更是会出现各种矛盾和争执。在这种情况下，男孩一定要胸怀宽广，不要因为一些小事情就否定朋友的表现，也不要因为一些小事情就与朋友交恶。在家庭生活中，男孩往往能够得到父母的关注，能够从父母那里获得满足，但是在走出家庭，走入学校，真正地走向社会之后，男孩就会面临很多困境和挑战。在这种情况下，男孩当然会感到烦恼，父母和老师有义务引导孩子学会宽容，学会理解。

真正的男子汉不会因为一点小事情就斤斤计较，也不会因为一些不值一提的事情就和朋友绝交，否则就会成为孤家寡人。在成长的过程中，男孩要始终保持愉悦的心情，要尽量帮助他人，热情地对待他人，才能获得他人的善待。

控制坏脾气

小故事

自从升入初三，也许是因为学习压力大，学习节奏太过紧张，原本性格温和的乐乐就像变了一个人，他动不动就火冒三丈，还会因为一些不值得计较的小事而做出过激的举动。乐乐知道自己的情绪异常，很容易产生波动，因而当做出那些过激的事情时，他常常懊悔不已。但是每当情绪的洪峰来临时，他又无法控制自己，还是会重蹈覆辙。面对这样的情况，乐乐陷入了苦恼之中。

周六，乐乐难得在家休息，没有出去上补习班，所以小姨特意带着表哥来家里玩。表哥只比乐乐大一岁，正在读高一，他和乐乐玩得非常开心。他们一起玩电脑游戏，一起看影视大片。后来，在玩电子游戏的时候，表哥一不小心把乐乐的游戏键盘敲坏了。看到自己心爱的游戏键盘被敲坏了，乐乐马上勃然大怒，呵斥表哥。表哥知道乐乐很容易情绪冲动，所以并没有和乐乐计较，而是及时地向乐乐道了歉，并且表示会修好游戏键盘。但是，乐乐还是不依不饶。

这个时候，小姨听到他们之间的争吵声，赶紧来到房间里查看情况，没想到乐乐竟迁怒于小姨，当即对小姨说："以后，你不要带着表哥来我家了，把我的游戏键盘都用坏了。"听到乐乐这么说，虽然小姨知道乐乐还是个孩子，但也觉得脸上挂不住。尽管乐乐妈妈已经做好了午饭，但是小姨还是找了个借口，赶紧带着表哥告辞了。

小姨和表哥在的时候，爸爸妈妈都不好直接批评乐乐，以免让小姨觉得难堪。看到小姨带着表哥匆匆离开，爸爸妈妈严厉地批评了乐乐。在爸爸妈妈的引导下,乐乐想起小姨一直以来都非常关心和疼爱他,表哥更是想方设法地逗他开心,陪他玩耍,因而乐乐为自己的行为感到十分懊悔。乐乐当即打电话向小姨和表哥真诚地表示歉意,虽然小姨和表哥也表示并没有把这件事情放在心上,但是从此之后,小姨很少再带着表哥来家里串门了。乐乐有的时候很想念表哥,想和表哥一起玩,给表哥打电话,而表哥却借口高中的作业太多,学业压力大,委婉地拒绝了乐乐。

情绪就像是一个不定时炸弹,不知道何时就会爆炸,这让乐乐感到非常苦恼。他不仅因此得罪了小姨和表哥,在家庭生活中,他也常常因为无法控制住情绪而给妈妈和爸爸带来很多烦恼。例如,周日晚上,乐乐正在兴致勃勃地看一个电视节目,想到时间已经晚了,乐乐还没有洗漱,所以爸爸提醒乐乐要抓紧时间洗漱,赶在十点半熄灯睡觉。但是乐乐却对爸爸的话不以为意。后来,爸爸看到几次催促乐乐,乐乐都无动于衷,索性直接关掉了电视。这个时候,乐乐如同一个炸弹一样炸了。他愤怒地对爸爸吼道:"你凭什么关电视?你凭什么关掉我的电视?"

爸爸耐心地向乐乐解释道:"我已经提醒你好几次关掉电视去洗漱了,但是你对此无动于衷,所以我只能直接关掉电视了。"看到乐乐如此崩溃的样子,妈妈感到非常心疼,她不知道曾经乖巧懂事的乐乐,现在为什么就像一个刺儿头一样。渐渐地,爸爸妈妈和乐乐说话的次数越来越少,偶尔必须和乐乐交流的时候,他们也小心翼翼的。

在学校里,乐乐也因为脾气暴躁与同学之间关系紧张。所以,他很快就成了独行侠,每天都独来独往,课间也很少和同学们一起玩。那么,乐乐到底怎么了?

分析

进入青春期之后，男孩身心发展的速度都非常快，又因为生长激素的作用，他们的情绪常常处于波动和变化的状态。对于特殊的成长阶段而言，这是正常现象，然而对于男孩来说，却不能以此为借口纵容自己的坏脾气，而应该有意识地控制自己的坏脾气。当知道自己的脾气很糟糕之后，男孩应该勇敢面对，而不要总是试图逃避。只有采取有效的措施，男孩才能控制坏脾气发作的次数，也才能缓解坏脾气带来的负面作用。如果男孩总是任性妄为，那么就会成为孤独的人，不但没有同学或朋友与他们相处，陪伴在他们身边，就连老师和父母也会远远地躲开他们。

此外，男孩虽然看起来已经长得身高体壮，但是他们的心智并没有完全发育成熟。在面对很多艰难的抉择时，他们因为缺乏理智，常常犹豫不决、左右为难，或者非常冲动。男孩要意识到，这只是一个特殊的成长阶段和人生时期，随着不断成长，男孩会具有更加丰富的人生体验，也会渐渐地增强自控能力，从而主宰和驾驭情绪，控制住自己的坏脾气。但是，学习如何度过青春期这段脾气暴躁的特殊时期，对于男孩来说是当务之急。

解决方案

要想缓解和控制坏脾气，男孩要做到以下几点。

第一点，当预感到自己的情绪即将爆发的时候，要记得按下情绪的暂停键。很多男孩明明知道自己的不良情绪即将爆发，还是任意妄为，纵容自己的情绪。其实，坏脾气每次爆发不但会伤害男孩身边的人，还会伤害男孩自身。例如，使男孩的身体健康受损，使男孩的人际关系变得紧张。每当遇到这种情况，男孩很有必要按下情绪的暂停键，让自己在几分钟之内恢复情绪平静，而不要做出冲动的举动。等到几分钟过去之后，男孩的想法也许会有所改变。

第二点，男孩要坚持进行运动，这是因为运动能够缓解男孩内心的压力，让男孩紧张的情绪状态得以稳定。尤其是要多多亲近大自然，进行各项有益的户外运动。男孩在山清水秀的青山绿水之间释放生命的能量，内心会感到特别舒畅和愉悦。坚持进行运动还能够帮助男孩发泄多余的精力，很多青春期的男孩都面临精力过剩的情况，他们感到内心涌动着一种力量，却无处发泄，也因此而导致脾气暴躁。当这些多余的精力被发泄出去之后，男孩会感到精疲力竭，不但会睡得更加香甜，内心也会非常平静。

第三点，要寻找适合自己的方法宣泄负面情绪。很多男孩沉默寡言，在意识到自己情绪不佳的时候，他们并不会及时地向他人倾诉，也不会以自己喜欢的方式去消除负面情绪，而是把这种负面情绪郁积在心里。日久天长，负面情绪在男孩的心中堆积如山，充满男孩的内心，使男孩感到更加郁郁寡欢。

第四点，宽容地对待自己和他人。很多青春期男孩对自己是特别苛刻的，对他人更是严格要求。实际上，金无足赤，人无完人。每个人即使能力再强，也有做不到的地方，即使性格再好，也会有脾气暴躁的时候。所以男孩不管是对自己还是对他人，都应该怀着宽容的心，在接纳自身的缺点和不足的同时，也要接纳他人做得不周到的地方，这样才能建立良好的人际关系。即使父母一直陪伴在男孩的身边，也无法取代同龄人对男孩的陪伴，所以在与同龄人相处的过程中，男孩要更加从容地面对自己，也要胸怀宽广地包容他人。

参考文献

[1] 木阳. 妈妈送给青春期儿子的私房书[M]. 2版. 北京：中国纺织出版社，2016.

[2] 蔡万刚. 青春期男孩，你要懂得保护自己[M]. 北京：中国纺织出版社有限公司，2021.

[3] 尚阳，杜蕾. 保护自己我能行[M]. 武汉：长江文艺出版社，2016.